GEORGES VITOUX

Les Rayons X

ET LA

PHOTOGRAPHIE DE L'INVISIBLE

30 FIGURES ET DESSINS

18 PLANCHES HORS TEXTE

PARIS

CHAMUEL, ÉDITEUR

5, Rue de Savoie, 5

1896

LES RAYONS X

ET LA

PHOTOGRAPHIE DE L'INVISIBLE

Le professeur Rœntgen

GEORGES VITOUX

Les Rayons X

ET LA
PHOTOGRAPHIE DE L'INVISIBLE

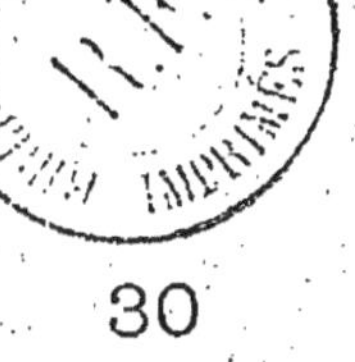

30

FIGURES

ET

DESSINS

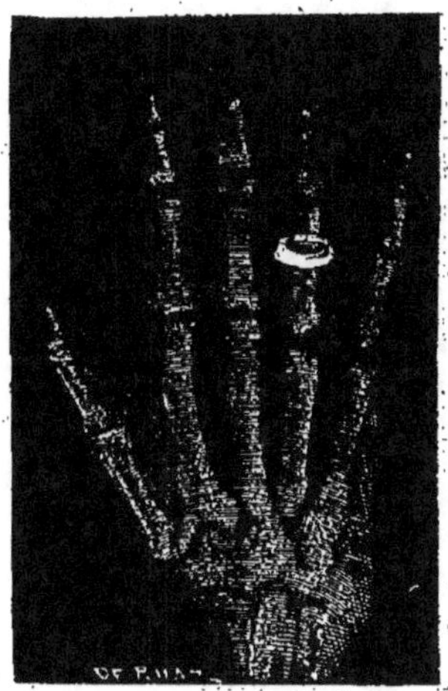

18

PLANCHES

HORS

TEXTE

PARIS

CHAMUEL, ÉDITEUR

5, Rue de Savoie, 5

1896

AVANT PROPOS

La découverte récente du professeur Rœntgen,
il fallait s'y attendre en présence de son énorme
retentissement, a provoqué en ces temps derniers
la publication de divers ouvrages sur la question
des rayons X.

Les uns, présentés à la première heure, alors
que les connaissances étaient encore imprécises,
sont fatalement fort incomplets et se ressentent
de la hâte qui a présidé à leur élaboration.

D'autres, de réalisation plus récente, ont surtout été écrits en vue des spécialistes : tel est,
par exemple, le très excellent mémoire : *Les
Rayons X et la Photographie à travers les corps
opaques* (1) de M. Ch.-Ed. Guillaume, adjoint
au Bureau international des poids et mesures.

En somme, il manquait sur cette question si
passionnante des « Rayons X et de la Photographie de l'invisible », l'étude destinée au grand

(1) Chez Gauthiers-Villars et fils.

public et propre à donner à chacun, qu'il soit ou non initié aux grands problèmes de la science physique, une idée fidèle et complète de la nouvelle découverte et des applications qu'elle comporte.

Tel a été notre but en écrivant ce petit livre.

A l'heure présente, en effet, grâce aux recherches poursuivies immédiatement par les savants de tous pays, nous nous trouvons posséder sur les mystérieux rayons X un ensemble considérable de faits.

Rassembler tous ceux-ci, les coordonner entre eux, exposer les diverses hypothèses auxquelles ils se rattachent, en un mot, mettre en quelque sorte de l'ordre dans l'affaire, était donc pour les non spécialistes, remplir un rôle utile.

Heureux serons-nous si nous avons réussi à l'accomplir !

Un mot encore !

Nous devons les nombreuses illustrations qui accompagnent ce volume à la bienveillante obligeance de MM. le Dr Albert Londe, directeur des services photographiques de l'hôpital de la Salpétrière et chef du laboratoire de recherches de la société « l'Optique »; Troost, professeur de chimie, à la Sorbonne ; Charles Henry, chargé de cours à la Sorbonne; Ch.-V. Zenger, directeur du laboratoire d'astronomie physique de Prague; Ch. Girard, directeur du laboratoire municipal de Paris et F. Bordas; le lieutenant-colonel de Rochas, administrateur de l'École polytechnique et le Dr Dariex qui nous ont adressé leurs photographies originales, et à celle de la Société« l'Opptique », de MM. Geisler et Ducretet et des journaux spéciaux : *Revue générale des sciences pures et appliquées, Vie scientifique, Génie-Moderne, Monde Illustré, Photo-Gazette* et *Éclairage électrique* qui nous ont communiqué nombre de clichés intéressants.

Nous sommes heureux de pouvoir ici adresser à tous nos remerciements les plus vifs pour ce très gracieux concours que nous avons reçu.

CHAPITRE I

LA DÉCOUVERTE DES RAYONS X

Une découverte paradoxale. — Une communication à
l'Académie des sciences. — Émotion produite par la
découverte de M. Rœntgen. — La photographie de l'invisible. — Le spectre vibratoire. — Le hasard dans les
découvertes scientifiques. — Les recherches de M. Rœntgen sur les rayons cathodiques. — Un phénomène inattendu. — Expériences révélatrices. — Les rayons X
traversent des corps opaques. — Les substances imperméables aux rayons X.

Il y aura tantôt trois mois, — c'était tout au
début de janvier, — l'on apprit un beau matin par
de courtes notes des gazettes quotidiennes, que
certain professeur de l'Université de Wurtzbourg,
M. Rœntgen, venait de réaliser la plus paradoxale
assurément des découvertes, celle d'un procédé
permettant de photographier des objets dissimulés
derrière des écrans opaques à la lumière.

Voici, du reste, en quels termes *Le Rappel*, —
celui de tous les journaux français qui le premier
informa ses lecteurs des expériences du savant

allemand, — enregistrait, d'après une correspondance de Vienne, la stupéfiante nouvelle :

« Vienne, lundi 6 janvier.

« M. Rœntgen, professeur à l'Université de Wurtzbourg, vient de faire une découverte des plus importantes, dont les détails sont déjà arrivés à Vienne, et que diverses célébrités scientifiques examinent ici avec la plus grande attention.

« M. Rœntgen se sert de la lumière qu'émet un tube de Crookes où l'on a fait le vide : un courant électrique le traverse et agit sur une plaque ordinaire de photographie. Les rayons lumineux invisibles dont l'existence a déjà été démontrée, offrent alors cette particularité qu'ils peuvent traverser le bois et d'autres substances de matière organique, tandis qu'ils ne peuvent traverser les métaux et les os d'animaux et d'êtres humains.

« Il s'en suit de cette particularité qu'il est possible de photographier des os ou des métaux qui seraient recouverts par du bois ou de la laine. De plus, la chair humaine étant une matière organique, ces rayons lumineux invisibles qu'émet un de ces tubes de Crookes agissent sur elle comme sur ces enveloppes, et il est, par suite, de même possible de photographier les os d'une main, par exemple, sans que la chair qui la recouvre apparaisse sur la plaque.

« Il y a déjà à Vienne des photographies semblables. Elles montrent les os de la main avec les bagues portées aux doigts (les métaux, comme j'ai dit,

Négatif A. Londe.   Photocollogravure L. Geisler.

Planche 1. — Boîte renfermant un Objet de valeur destinée à l'expédition par la poste.

Epreuve obtenue par la Photographie ordinaire.

Photocollogravure L. Geisler.

Planche 2. — Boîte renfermant un Objet de valeur
destinée à l'expédition par la poste.

Epreuve obtenue avec les Rayons X.

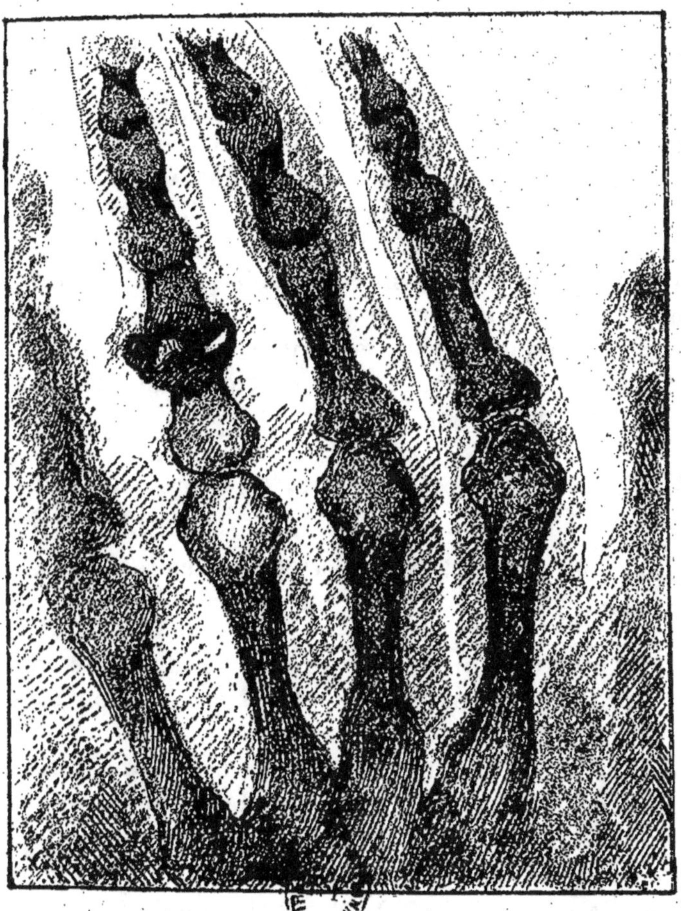

Fig. 1. — Photographie d'une main ornée d'une bague.

(Cette épreuve est l'une des premières obtenues à Paris.)

n'étant pas traversés par ces rayons) mais elles ne montrent rien autre. Ce n'est pas beau à voir ; mais, au point de vue scientifique, cela ouvre un champ vaste à la science.

« Parmi les usages pratiques de cette nouvelle découverte, il est établi qu'il devient dès lors possible aux chirurgiens de déterminer, à l'aide de cette nouvelle méthode de photographie, la position exacte d'une balle qui serait logée dans un corps humain, ou bien de rendre visibles des fractures d'os avant de commencer une opération. Et il y a d'autres usages variés auxquels cette méthode pourrait être appliquée, par exemple dans les cas de maladie ou de carie des os. »

Et à la suite de cette note, en guise de commentaire, l'un des collaborateurs scientifiques du journal, M. Jacques Serda, ajoutait les lignes suivantes :

« Si invraisemble à son premier abord que soit une telle nouvelle, elle ne paraît pas devoir être rejetée *a priori* et avant vérification.

« Pourquoi, en effet, les rayons chimiques ultra-violets du spectre, rayons invisibles à notre œil et qui pourtant impressionnent parfaitement la plaque photographique, pourquoi ces rayons chimiques ne seraient-ils point susceptibles de traverser certaines substances solides à l'exclusion d'autres ?

« Les rayons calorifiques jouissent du reste d'une telle propriété, et de même les rayons lumineux.

« Aussi bien, entre tous ces rayons, n'existe

qu'une seule différence, le nombre des vibrations caractérisant chacun d'eux.

« En semblable condition, l'on voit donc que l'on aurait tort de repousser sans examen, comme impossible, la nouvelle qui nous arrive aujourd'hui.

« Un avenir prochain, au surplus, nous renseignera à cet égard. »

Ces prévisions ne devaient point tarder à se voir réalisées.

Bientôt, en effet, la nouvelle étrange et d'un imprévu déconcertant se précisait et se vérifiait indiscutablement, et les revues scientifiques diverses, qui avaient dès l'abord — comme il convient à de techniques et graves périodiques — gardé un silence prudent, à leur tour, l'affaire étant enfin devenue officielle, grâce à une communication de MM. les docteurs Oudin et Barthelemy présentée à à l'Académie des sciences par l'intermédiaire de M. H. Poincarré, rapportaient le récit des prestigieuses expériences.

Dès lors, le grand public se passionna, et la découverte de M. Rœntgen, saisissante vraiment comme une œuvre de sorcellerie, fixa si bien l'attention de tous que depuis lors les *X strahlen* ou rayons X — c'est ainsi que dès le premier jour furent baptisés, avec grand à propos, par leur découvreur, les nouveaux rayons aux merveilleuses propriétés — n'ont cessé d'être l'objet des préoccupations générales en tous les pays civilisés.

Depuis les inventions du téléphone et du phonographe — stupéfiantes également à la façon d'une opération magique — jamais la foule ne s'était intéressée à un tel point à une conquête de la science.

Une telle émotion, il convient de le reconnaître, se trouve du reste fort justifiée par l'importance de la trouvaille.

La « *photographie de l'invisible* », ce n'est pas seulement, en effet, une expérience curieuse infiniment, mais aussi, mais surtout, c'est une admirable et précieuse démonstration de la possibilité de l'existence de modalités de l'énergie autres que celles par nous encore enregistrées.

C'est à ce point, en particulier, bien plus peut-être que parce qu'elle est grosse d'applications pratiques de premier ordre, que la découverte de M. Rœntgen est importante.

Jusqu'ici, en effet, nos physiciens ne connaissent en somme que des portions fort limitées du spectre vibratoire, portions correspondant aux diverses manifestations, son, chaleur, lumière, électricité, tombant sous nos sens ou dont nous enregistrons l'existence par des artifices expérimentaux.

Mais, pourquoi les intervalles séparant, ces étapes vibratoires reconnues par notre science, ne seraient-ils pas occupés eux aussi par des régimes de vibrations établissant le passage entre les diverses sortes d'ondulations dont nous avons acquis la notion?

La logique est là nous affirmant qu'il en doit être de la sorte, ainsi que le notait tout récemment M. Niewenglowski dans *La Science française* :

« Depuis l'instant où nous commençons à la percevoir, jusqu'à celui où elle impressionne notre oreille, l'énergie nous apparaît sous la forme mécanique, forme vibratoire d'une extrême lenteur sous laquelle nous l'utilisons dans l'industrie. Dès que le mouvement comprend 16 vibrations par seconde, le sens de l'ouïe est impressionné, pour cesser de l'être quand le nombre de vibrations dépasse 48.000 par seconde ; l'énergie calorifique apparaît alors, précédée de l'énergie infra-rouge qui commence pour 10 millions de vibrations et est accompagnée, à partir de 37 millions de vibrations par seconde, de la première onde lumineuse perçue par l'œil et correspondant au rouge foncé; puis, la vitesse vibratoire augmentant, naissent successivement les couleurs du spectre jusqu'à la teinte lavande correspondant à 400 millions de vibrations par seconde; au delà apparaît l'ultra-violet qui impressionne les plaques photographiques ; encore au delà doit se trouver l'énergie électrique dont la vitesse est beaucoup plus grande, et plus loin encore l'influx ner-

veux. Mais entre la dernière région de l'ultra violet
que décèle la plaque photographique et l'onde électrique, ainsi qu'entre cette dernière et l'onde ner-
veuse, doivent être des énergies intermédiai-
res (1). »

Cependant, en attendant que l'avenir nous éclaire
définitivement sur ce point important, avant que
nous n'entreprenions l'examen des hypothèses dès
à présent proposées pour expliquer la nature des
rayons X, avant aussi de passer à l'exposé des
recherches auxquelles ils donnent lieu présente-
ment de toutes parts, et à celui des applications
pratiques considérables qu'ils vont permettre, il
nous faut noter rapidement au passage les circonstances de la découverte du professeur Rœntgen.

Au contraire de ce que l'on pourrait croire, une
semblable trouvaille ne saurait être uniquement
attribuée au hasard, bien que celui-ci paraisse
avoir joué un petit rôle dans l'affaire.

En pareille circonstance, en effet, le hasard ne
saurait se passer de la collaboration d'un observateur éclairé et la chance d'un savant n'est en réalité
jamais autre chose que d'être assez habile pour
tirer d'un phénomène fortuit l'idée d'une expérience

(1) *Rayons ultra-violets et rayons X*, dans *La Science
française*, n° 58, du 6 mars 1896, p. 70.

pouvant lui permettre de découvrir un ordre nouveau de connaissances.

C'est ainsi que Claude Bernard voyant un jour un animal herbivore répandre une urine parfaitement claire semblable à celle d'un carnivore, fut conduit à rechercher à quel concours de circonstances il fallait attribuer cette anomalie de la fonction physiologique, et découvrit que celle-ci n'était nullement pervertie, les herbivores n'émettant jamais une urine limpide que durant les périodes de jeûne, alors qu'en réalité ils sont devenus carnivores, vivant aux dépens de leur propre substance.

Dans cette découverte de Claude Bernard, le hasard fut d'avoir aperçu l'animal au moment d'une mixtion; mais, s'il n'eut été observateur avisé par excellence, eut-il jamais songé à s'inquiéter de cette particularité accidentelle présentée par le liquide excrété?

Eh bien, dans le cas des rayons X, il en fut encore de la sorte, et si M. Rœntgen n'avait su apporter dans ses investigations une sagacité parfaite, il est fort vraisemblable que ses expériences auraient eu infiniment moins de retentissement.

Mais, voici la chose.

Dans son laboratoire de l'Université de Wurtzbourg, le savant professeur allemand procédait à l'aide du dispositif classique, c'est-à-dire d'un tube de Crookes traversé par le courant électrique fourni par une forte bobine d'induction, à des recherches sur les propriétés des rayons *cathodiques*.

A cet effet, il avait installé un écran recouvert d'une substance phosphorescente, le platino-cyanure de baryum, substance qui présente cette particularité de donner une fluorescence très brillante chaque fois que des rayons cathodiques viennent à l'influencer.

Or, à un moment de ses recherches, M. Rœntgen voulant empêcher les rayons cathodiques produits dans son appareil de parvenir sur son écran sensible, imagina de recouvrir le tube de Crookes au moyen d'un étui en carton.

En ces conditions nouvelles, et bien que la lame de carton fut parfaitement opaque pour la lumière ordinaire, l'écran cependant continua d'accuser une vive phosphorescence.

Comment expliquer un tel phénomène inattendu, si non par cette hypothèse que malgré l'étui de carton recouvrant le tube, l'écran sensible recevait des rayons capables de l'exciter, rayons ayant traversé du reste l'obstacle qui leur était opposé.

Mais, un tel fait étant constaté, il restait à voir si le carton seul présentait cette imprévue faculté de laisser filtrer au travers de sa masse certains rayons produits par] les tubes de Crookes et capables d'agir sur le platino-cyanure de baryum.

M. Rœntgen s'empressa de tenter l'expérience, et, entre le tube générateur des rayons et son écran destiné à en révéler la présence, il interposa de nouvelles substances opaques, papier, bois, lame mince d'aluminium. Le résultat se révéla toujours le même démontrant ainsi nettement la transparence de ces corps. Des essais entrepris avec des lames métalliques un peu épaisses établirent bien vite en revanche que s'il était des substances perméables aux rayons émis, il en était aussi d'autres absolument opaques.

Cependant, M. Rœntgen, ces premiers points une fois bien acquis, s'avisa de rechercher si ces rayons particuliers, dont il venait de découvrir si à l'improviste l'étonnante propriété, ne se comportaient point vis-à-vis des substances chimiques à la façon des rayons cathodiques. Ceux-ci, comme on le sait depuis déjà longtemps, grâce aux beaux travaux de Lenard, impressionnent la plaque photographique. M. Rœntgen imagina donc de substituer à son écran au platino-cyanure de baryum une plaque sensibilisée. Celle-ci fut impressionnée rapidement.

Dès lors, la découverte était accomplie, et l'habile physicien eut vite fait d'instituer l'expérience définitive et saisissante qui frappa si vivement l'attention publique.

Puisque certains corps, en effet, se trouvaient offrir une infranchissable barrière aux rayons X, il apparaissait vraisemblable que, placés en avant de la plaque photographique, ces dits corps empêcheraient en arrière d'eux l'arrivée sur la couche sensible, des rayons capables de l'influencer, et, par suite, qu'au développement, l'on obtiendrait ainsi une image représentant l'*ombre portée* des objets interposés.

Ces prévisions de M. Rœntgen se réalisèrent de façon complète.

Un premier essai fut entrepris avec une petite boite de bois contenant deux poids métalliques.

La plaque photographique, que l'on avait enfermée dans plusieurs doubles de papier noir imperméable absolument à la lumière ordinaire, après l'exposition devant le tube de Crookes montra, au sortir du bain révélateur, une image fort nette des poids enfermés dans le coffret.

M. Rœntgen eut alors l'idée de répéter la même opération en remplaçant la boite de bois et les bibelots qu'elle renfermait par la main d'un être vivant.

On sait le succès de cette dernière tentative

dont le résultat fut une photographie dans laquelle
le squelette osseux se détachait en ombres vigoureuses et beaucoup plus foncées que celles de la
chair.

La photographie au travers les corps opaques
était désormais un fait acquis pour la science et
celle-ci ne devait point tarder, comme nous le
verrons tout à l'heure, à en tirer de nombreuses
et utiles applications.

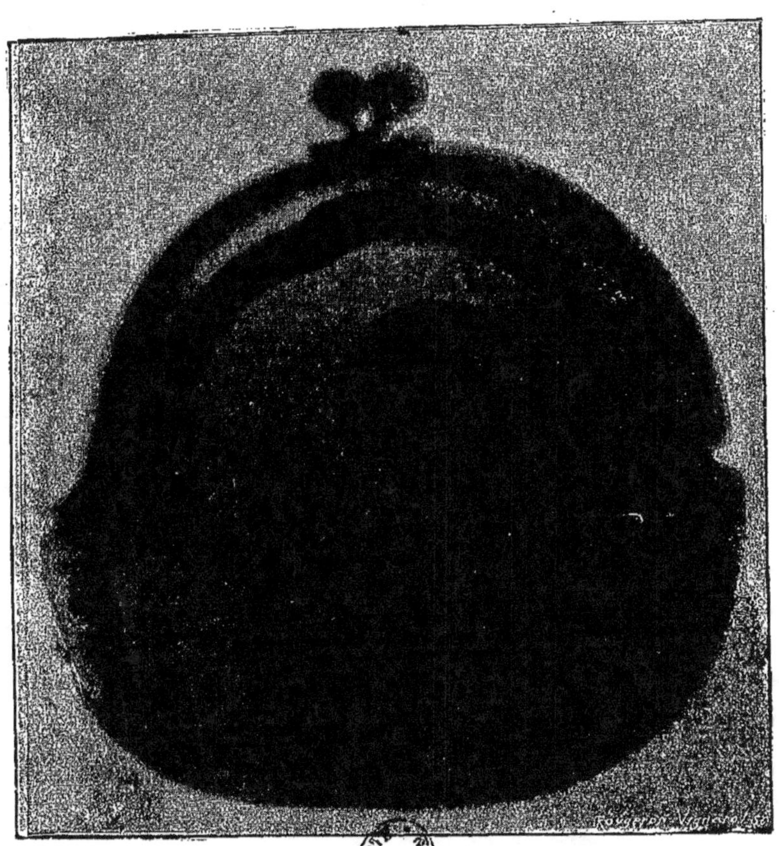

Planche 3. — Bourse en cuir à fermoir d'acier contenant une pièce de 20 francs et une pièce de 2 francs.

(Epreuve de M. Seguy).

CHAPITRE II

EXPERIENCES

Sur un nouveau genre de rayons.

Sous ce titre : *Expériences sur un nouveau genre de rayons*, nous donnons, d'après la traduction de la *Revue générale des sciences pures et appliquées* (1), la reproduction intégrale du mémoire de M. Rœntgen sur la photographie au travers des corps opaques :

1. La décharge d'une grosse bobine d'induction traverse un tube à vide de Hittorf, ou un tube de Lenard ou de Crookes dont le vide a été poussé très loin. Le tube est entouré d'un écran de papier noir qui s'y adapte exactement ; on peut alors constater, dans une salle où l'obscurité est com-

(1) *Revue générale des sciences pures et appliquées*, n° 2, du 30 Janvier 1896, chez l'éditeur Georges Carré, 3, rue Racine, à Paris.

1**

plète, qu'un papier dont une face est recouverte de platino-cyanure de baryum, présente une fluorescence brillante quand on l'amène au voisinage du tube, quelle que soit la face du papier qui regarde le tube. La fluorescence est encore visible à deux mètres de distance.

Il est facile de montrer que la cause de la fluorescence réside dans le tube à vide.

2. On voit donc qu'il existe un agent capable de pénétrer une plaque de carton noir, absolument opaque pour les rayons ultra-violets, pour la lumière de l'arc ou celle du Soleil. Il est intéressant de rechercher si d'autres corps se laissent pénétrer par le même agent. On montre facilement que tous les corps présentent la même propriété, mais à des degrés très différents. Par exemple, le papier est très transparent; l'écran fluorescent s'illumine quand on le place derrière un livre de mille pages; l'encre d'imprimerie n'offre pas de résistance sensible. De même la fluorescence se manifeste derrière deux jeux de cartes; une carte unique ne diminue pas visiblement l'éclat de la lumière. De même aussi, une seule épaisseur de papier d'étain projette à peine une ombre sur l'écran; il faut en superposer plusieurs pour produire un effet notable. Des blocs de bois épais sont encore transparents. Des planches de pin de deux

ou trois centimètres d'épaisseur absorbent très peu.

Un morceau d'une feuille d'aluminium, de 15 millimètres d'épaisseur, laisse encore passer les rayons X (c'est ainsi que j'appellerai ces rayons pour abréger), mais diminue beaucoup la fluorescence. Des plaques de verre de même épaisseur se comportent de la même manière; toutefois le cristal est beaucoup plus opaque que les verres exempts de plomb. L'ébonite est transparente sous une épaisseur de plusieurs centimètres. Si l'on tient la main devant l'écran fluorescent, les os projettent une ombre foncée et les tissus qui les entourent ne se dessinent que très légèrement.

L'eau et plusieurs liquides sont très transparents. L'hydrogène n'est pas notablement plus perméable que l'air. Des plaques de cuivre, d'argent, de plomb, d'or et de platine laissent aussi passer les rayons, mais seulement quand le métal est en lame mince. Une épaisseur de platine de 2 millimètres laisse encore passer quelques rayons; l'argent et le cuivre sont plus transparents. Le plomb, sous une épaisseur de 1 mill. C5, est pratiquement opaque. Une tige de bois carrée de 2 centimètres de côté, peinte au blanc de plomb sur une de ses faces, ne projette qu'une ombre légère quand on la tourne de façon que les rayons

X soient parallèles à la face peinte, mais l'ombre est noire quand les rayons doivent traverser cette face. Les sels métalliques, solides ou en dissolution, se comportent généralement comme les métaux eux-mêmes.

3. Les expériences précédentes amènent à conclure que la densité des corps est la propriété dont la variation affecte spécialement leur perméabilité. Au moins aucune autre propriété ne semble avoir une influence aussi directe. Cependant la densité seule ne détermine pas la transparence; on le prouve en employant comme écrans des lames également épaisses de spath d'Islande, de verre, d'aluminium et de quartz. Le spath d'Islande se montre beaucoup plus transparent que les autres corps, bien qu'il ait approximativement la même densité. Je n'ai pas remarqué que le spath d'Islande présentât une fluorescence considérable relativement à celle du verre (voir plus bas, parag. 6).

4. En augmentant l'épaisseur, on augmente la résistance offerte aux rayons par tous les corps. On a pris sur une plaque photographique une épreuve de plusieurs feuilles de papier d'étain, superposées comme les marches d'un escalier et présentant ainsi une variation d'épaisseur régulière. Cette épreuve sera soumise à des mesures photo-

métriques quand on pourra disposer d'un appareil convenable.

5. Des pièces de platine, de plomb, de zinc et d'aluminium en feuilles ont été préparées de façon à obtenir le même affaiblissement de l'effet. Le tableau ci-joint donne les épaisseurs relatives et les densités de feuilles de métal équivalentes :

	ÉPAISSEUR	ÉPAISSEUR RELATIVE	DENSITÉ
Platine...........	0,018mm	1	21,5
Plomb	0,050mm	3	11,3
Zinc...........	0,100mm	6	7.1
Aluminium	3,500mm	200	2,6

Il résulte de ces valeurs que la transparence n'est pas donnée par le produit de la densité par l'épaisseur d'un corps. La transparence augmente beaucoup plus rapidement que le produit ne décroît.

6. La fluorescence du platinocyanure de baryum n'est pas la seule action des rayons X qu'on puisse observer. Il est à remarquer que d'autres corps présentent la fluorescence, parmi lesquels le sulfure de calcium, le verre d'urane, le spath d'Islande, le sel gemme, etc.

Dans cet ordre d'idées, un fait particulièrement intéressant est la sensibilité des plaques photographiques sèches pour les rayons X. On peut ainsi mettre en évidence les phénomènes, en excluant tout danger d'erreur. J'ai confirmé de la sorte beaucoup d'observations faites d'abord en regardant l'écran fluorescent. C'est ici que la propriété que présentent les rayons X de passer à travers le bois ou le carton devient utile. La plaque photographique peut être exposée à leur action sans qu'on ait à enlever le volet du chassis, ni aucune boîte protectrice, de sorte que l'opération n'a pas besoin d'être conduite dans l'obscurité. Il est clair que les plaques qui ne sont pas en expérience ne doivent pas être laissées dans leur boîte au voisinage du tube.

Il resterait à savoir si l'impression sur la plaque est un effet direct des rayons X, ou un résultat secondaire dû à la fluorescence de la matière de la plaque. Des pellicules peuvent être impressionnées aussi bien que les plaques sèches ordinaires.

Je n'ai pas réussi à mettre en évidence aucun effet calorifique des rayons X. On peut cependant supposer qu'un tel effet existe; les phénomènes de fluorescence montrent que les rayons X sont capables de se transformer. Il est donc certain que tous les rayons X qui tombent sur un corps ne le quittent pas dans le même état.

La rétine de l'œil est absolument insensible à ces rayons; l'œil placé tout près de l'appareil ne

Négatif A. Londe.   Photocollogravure L. Geisler

Planche 4. — Souris blanche.

Épreuve obtenue par la Photographie ordinaire.

Négatif A. Londe.   Photocollogravure L. Geisler..

Planche 5. — Souris blanche.
Épreuve obtenue avec les Rayons X.

voit rien. Il résulte clairement des expériences que cela n'est pas dû à un défaut de perméabilité de la part des milieux de l'œil.

7. Après mes expériences sur la transparence d'épaisseurs croissantes de milieux différents, j'ai cherché à voir si les rayons X pouvaient être déviés par un prisme.

Des expériences faites avec de l'eau et du sulfure de carbone, contenus dans des prismes de mica de 30°, n'ont fait voir aucune déviation soit sur la plaque photographique, soit sur l'écran phosphorescent.

Comme terme de comparaison on a fait tomber des rayons de lumière sur les prismes disposés pour l'expérience. Les déviations ont atteint respectivement 10^{mm} et 20^{mm}, avec les deux prismes.

Avec des prismes d'ébonite et d'aluminium, on a obtenu, sur la plaque photographique, des images qui font soupçonner une déviation.

Elle est toutefois incertaine et correspondrait à un indice au plus égal à 1,05. On n'a pu observer aucune déviation avec l'écran fluorescent. Des expériences sur les métaux lourds n'ont jusqu'ici conduit à aucun résultat, à cause de leur transparence et de l'affaiblissement qui en résulte pour les rayons transmis.

La question est assez importante pour qu'il y ait

lieu de rechercher par d'autres moyens si les rayons X peuvent se réfracter. Des corps réduits en poudre fine ne permettent, sous une petite épaisseur, que le passage d'une faible partie de la lumière incidente, par suite de la réflexion et de la réfraction. Dans le cas des rayons X, au contraire, ces couches de poudre présentent, pour une même masse d'un corps, la même transparence que le solide lui-même. Nous ne pouvons donc conclure à l'existence d'aucune réflexion, ni d'aucune réfraction des rayons X. L'expérience a été exécutée sur du sel gemme finement pulverisé, de l'argent électrolytique en poudre fine et de la poussière de zinc ayant déjà servi plusieurs fois à des opérations chimiques. Dans tous ces cas, les résultats donnés, soit par l'écran fluorescent, soit par la méthode photographique, n'ont indiqué aucune différence de transparence entre la poudre et le solide cohérent.

Il est clair alors qu'on ne peut pas compter sur les lentilles pour concentrer les rayons X ; effectivement, des lentilles d'ébonite et de verre de grande dimension se sont montrées également sans action. L'ombre photographique d'une tige ronde est plus foncée au centre qu'au bord ; l'image d'un cylindre rempli d'un corps plus transparent que les parois, présente plus d'éclat au centre que sur les bords.

8. Les expériences précédentes et d'autres que je passe sous silence, indiquent que les rayons ne peuvent pas se réfléchir. Il sera néanmoins utile de rapporter avec détails une observation qui, à première vue, semblait conduire à une conclusion opposée.

J'ai exposé une plaque protégée par une feuille de papier noir, aux rayons X, de façon que la face libre regardât le tude à vide. La couche sensible était recouverte partiellement de pièces de platine, de plomb, de zinc et d'aluminium, en forme d'étoiles. Le négatif développé montra que la plaque avait été fortement impressionnée devant le platine, le plomb et plus encore devant le zinc ; l'aluminium ne donnait pas d'image. Il semble donc que ces trois métaux puissent réfléchir les rayons X; toutefois, une autre explication est possible et j'ai répété l'expérience avec cette seule différence que j'interposais une lame d'aluminium extrêmement mince entre la couche sensible et les étoiles de métal. Cette plaque d'aluminium est opaque pour les rayons ultra-violets, mais transparente pour les rayons X. Sur l'épreuve, les images apparurent comme précédemment, indiquant encore l'existence d'une réflexion sur les surfaces métalliques.

Si l'on rapproche ce résultat de la transparence des poudres et du fait que l'état de la surface n'exerce aucune action sur le passage des rayons X à travers les corps, on est conduit à conclure avec vraisemblance que la réflexion régulière n'existe pas, mais que les corps jouent, vis-à-vis des rayons X, le même rôle que les milieux troubles vis-à-vis de la lumière.

Puisqu'on n'observe aucune trace de réfraction à la surface de séparation de deux milieux, il semble probable que les rayons X se meuvent avec la même vitesse à travers toutes les substances, dans un milieu qui pénètre tous les corps et qui baigne les molécules de ces corps. Les molécules arrêtent les rayons X avec d'autant plus de force que la densité du corps considéré est plus grande.

9. Il a semblé possible que la disposition géométrique des molécules modifiât l'action qu'exerce un corps sur les rayons X, de sorte que, par exemple, le spath d'Islande pourrait présenter des phénomènes différents, suivant l'orientation de la lame par rapport à l'axe du cristal. Des expériences faites sur le quartz et le spath d'Islande n'ont donné aucun résultat.

10. On sait que Lenard, dans ses recherches sur les rayons cathodiques, a montré que ce sont des modifications de l'éther et qu'ils traversent tous les corps. Il en est de même pour les rayons X.

Dans son dernier travail, Lenard a déterminé les coefficients d'absorption de divers corps pour les rayons cathodiques, y compris l'air, à la pression atmosphérique, qui donne 4,10, 3,40 et 3,10 pour 1 centimètre suivant le degré de raréfaction du gaz dans le tube à décharges. J'ai opéré à la même pression et, aussi, par occasion, à des pressions plus fortes et plus faibles. J'ai trouvé, en employant un photomètre de Weber, que l'intensité de la lumière fluorescente varie à peu près comme l'inverse du carré de la distance qui sépare l'écran du tube à décharges. Cette loi résulte de trois séries d'observations très concordantes faites à 100 et 200 ^{mm}. L'air absorbe donc les rayons X beaucoup moins que les rayons de cathode. Ce résultat est en accord complet avec le résultat, déjà indiqué plus haut, que la fluorescence de l'écran peut s'observer encore à une distance de deux mètres du tube à vide. En général, les autres corps se comportent comme l'air : ils sont plus transparents pour les rayons X que pour les rayons de cathode.

11. Une nouvelle distinction, et qui doit être notée, résulte de l'action d'un aimant. Je n'ai pas réussi à observer la moindre déviation des rayons X même dans des champs magnétiques très intenses.

La déviation des rayons cathodiques par l'aimant est une de leurs caractéristiques spéciales ; Hertz et Lenard ont observé qu'il existe plusieurs espèces de rayons cathodiques, qui diffèrent par leur propriété d'exciter la phosphorescence, la facilité d'absorption et leur degré de déviation par l'aimant ; mais on a observé une déviation notable dans tous les cas étudiés et je pense que cette déviation constitue un caractère qu'on ne peut pas négliger facilement.

12. Il résulte d'un grand nombre d'essais que les points du tube à décharges où apparaît la phosphorescence la plus brillante, sont le siège principal d'où les rayons X naissent et se propagent dans toutes les directions, c'est-à-dire que les rayons X partent de la région où les rayons de cathode frappent le verre. Que l'on déplace les rayons de cathode dans le tube à l'aide d'un aimant et l'on verra les rayons X partir d'un nouveau point, c'est-à-dire encore de l'extrémité des rayons de cathode.

Pour cette raison également les rayons X, qui ne sont pas déviés par un aimant, ne peuvent pas

Planche 6. — Photographie du métacarpe de la main.

(D'après un cliché de M. Rœntgen)

être considérés comme des rayons de cathode qui auraient traversé le verre, car ce passage ne peut pas, d'après Lenard, être la cause de la différence de déviation des rayons. J'en conclus que les rayons X ne sont pas identiques aux rayons de cathode à la surface du tube.

13. Les rayons ne se produisent pas seulement dans le verre. Je les ai obtenus dans un appareil fermé par une lame d'aluminium de 2^{mm} d'épaisseur. Je me propose, par la suite, d'étudier le rôle d'autres substances.

14. L'appellation de « rayons » donnée au phénomène, se justifie en partie par les silhouettes régulières qu'on obtient en interposant un corps plus ou moins perméable entre la source et une plaque photographique ou un écran fluorescent.

J'ai observé et photographié un grand nombre de ces silhouettes. J'ai aussi le dessin d'une partie d'une porte peinte au blanc de plomb ; j'ai obtenu l'image en plaçant le tube à décharges d'un côté de la porte et la plaque sensible de l'autre. J'ai aussi l'ombre des os de la main (*Planche* 6), d'un fil enroulé sur une bobine, d'une série de poids dans une boîte, d'un cadran de boussole (*Fig.* 2), avec l'aiguille, le tout complètement enfermé dans une boîte de métal, d'un morceau de métal

dont les rayons X décèlent les défauts d'homogénéité et de plusieurs autres objets.

FIG. 2. — Reproduction de la photographie d'une boussole
à travers les parois d'une boîte en cuivre.

Pour la propagation rectiligne des rayons, j'ai
une photographie, à la chambre obscure, de l'ap-

pareil de décharge, recouvert de papier noir ; elle est pâle, mais très nette cependant.

15. J'ai cherché à produire l'interférence des rayons X, mais sans résultat, peut-être à cause de leur faible intensité.

16. Des recherches sur l'action que peuvent exercer des forces électrostatiques sur les rayons X sont en cours, mais non encore achevées.

17. On demandera : Que sont donc ces rayons ? Puisque ce ne sont pas des rayons cathodiques, on pourrait supposer, d'après leur faculté de produire la fluorescence et l'action chimique, qu'ils sont dus à la lumière ultra-violette. Un ensemble imposant de preuves est en contradiction avec cette hypothèse. Si les rayons X sont en réalité de la lumière ultra-violette, cette lumière doit posséder les propriétés suivantes :

a) Elle ne se réfracte pas en passant de l'air dans l'eau, dans le sulfure de carbone, l'aluminium, le sel gemme, le verre ou le zinc.

b) Elle ne peut se réfléchir régulièrement à la surface des corps cités.

c) Elle n'est polarisée par aucun des milieux polarisants ordinaires.

d) L'absorption par les différents corps doit dépendre surtout de leur densité.

Ce qui revient à dire que les rayons ultra-violets

doivent se comporter tout autrement que les rayons visibles ou infra-rouges et les rayons ultra-violets déjà connus. Ceci paraît assez invraisemblable pour que j'aie cherché à faire une autre hypothèse.

Il semble y avoir une sorte de relation entre les nouveaux rayons et les rayons lumineux ; tout au moins la production d'ombres, de fluorescence et d'actions chimiques semble l'indiquer. Or, on sait depuis longtemps qu'en outre des vibrations qui rendent compte des phénomènes lumineux, il est possible que des vibrations longitudinales se produisent dans l'éther ; certains physiciens pensent même que ces vibrations doivent exister. Toutefois on doit convenir que leur existence n'a jamais été mise en évidence et que leurs propriétés n'ont pas été établies expérimentalement. Ces nouveaux rayons ne devraient-ils pas être attribués à des ondes longitudinales de l'éther ?

Je dois avouer qu'à mesure que je poursuivais ces recherches, je me suis accoutumé de plus en plus à cette idée et je me permets de l'énoncer, sans me dissimuler que l'hypothèse demande à être établie plus solidement.

W.-C. RÖNTGEN,
Professeur de Physique à l'Université de Wurtzbourg.

CHAPITRE III

LES PRÉCURSEURS DE M. RŒNTGEN

Les premières tentatives de la photographie de l'invisible.
— Le fluide odique de Reichenbach. — La photographie
de l'od. — L'étude du spectre solaire. — Les expériences
de MM. de Chardonnet et Soret. — Les rayons ultra-
violets traversent l'argent. — Pourquoi l'œil ne perçoit
pas les rayons X. — L'hypothèse de la matière radiante
et la découverte des rayons X. — Les travaux de
M. Lenard. — Une mémorable expérience. — Les rayons
cathodiques se propagent dans l'air. — Pourquoi
M. Lenard n'a pas découvert les rayons X.

Ce n'est pas seulement de ces derniers jours que
la hantise de percevoir « l'invisible » et d'en fixer
l'image a préoccupé les gens de science.

Les premières tentatives opérées à cet égard
remontent, en effet, à près d'un demi-siècle, exactement à 1849, époque où Reichenbach essaya,
avec succès, paraît-il, d'enregistrer sur la plaque
du daguerréotype la trace des *effluves odiques,*
c'est-à-dire la trace de ce fluide particulier qui
d'après le savant autrichien se dégage de tous les

êtres vivants, des aimants, des composés chimiques, etc., et que certains sujets spéciaux par lui
appelés *sensitifs* perçoivent directement au milieu
de l'obscurité.

Voici, du reste, à titre de curieux document, un
court extrait des *Recherches physico-physiologiques* dans lequel le baron de Reichenbach retrace
ses expériences relatives à la photographie de
l'*od*.

« Pour me convaincre moi-même, autant que
possible, s'il s'agissait bien là d'une lumière ou
d'une autre espèce d'apparence perçue par les sensitifs, je désirai faire une expérience avec le daguerréotype et voir si une plaque d'argent iodée
pourrait être impressionnée. M. Karl Schuh, professeur libre de physique à Vienne, bien connu par
ses recherches sur le microscope à gaz et par son
habileté en daguerréotypie, voulut bien me prêter
son concours. Il mit dans une chambre noire une
plaque iodée, en face de laquelle on plaça un aimant ouvert ; en même temps, il disposait de même
une autre plaque dans une autre chambre noire,
mais sans aimant.

« Après quelques heures, il reconnut que la première plaque, après qu'elle eût été traitée par les
vapeurs mercurielles, avait été affectée par la lumière, tandis que la seconde ne l'avait pas été ;
mais la différence entre les deux était peu marquée.
Pour mieux voir l'effet, il prit l'aimant, l'appliqua
sur une plaque iodée, en prenant les plus grandes

précautions pour éviter la moindre trace de lumière pendant la manipulation à laquelle j'assistai ; il plaça le tout dans une boîte que l'on glissa entre d'épais matelas et qu'on laissa là pendant soixante-quatre heures. Reprise dans l'obscurité et exposée à la vapeur mercurielle, la plaque laissa voir le plein effet de la lumière qu'elle avait reçue sur toute sa surface. Il est donc évident, à moins que d'autres causes ne soient capables d'affecter les plaques photographiques après un temps considé-rable, qu'une lumière, faible il est vrai, et d'action lente, se dégage de l'aimant (1). »

Telles furent les premières tentatives pour la photographie de l'invisible.

Cependant, Reichenbach, en dépit de son zèle, ne put réussir à convaincre les savants de son temps.

L'existence de l'*od* demeura contestée et les expériences instituées par lui pour en démontrer la réalité ne furent point poursuivies.

Il appartenait à notre science moderne guidée, cette fois, par des données théoriques des plus précises, de reprendre la recherche du problème,

(1) Reichenbach. — *Recherches physico-physiologiques,* Braunsweig, 1849, traduction de M. E. Lacoste, dans *Le Fluide des magnétiseurs,* un vol. in-8, par le lieutenant-colonel de Rochas d'Aiglun. Paris, 1891, chez Georges Carré.

en ce qui concerne la fixation d'images inaccessibles à notre vue. Telle est, en effet, la réalité des choses : une découverte semblable à celle du professeur Rœntgen ne survient jamais « ainsi brusquement et de but en blanc », mais, comme le notait non sans raison il y a quelques semaines M. Henri de Parville dans son feuilleton hebdomadaire du *Journal des Débats*, « il existe toujours des préliminaires. »

Ce fut l'étude du spectre solaire qui conduisit à une première découverte précieuse, celle de la transparence de certains corps opaques à des radiations particulières susceptibles d'influencer les substances chimiques de la même façon que la lumière.

L'exploration du spectre avait, en effet, montré, il y a longtemps déjà, qu'en dehors de la partie colorée visible, existaient d'autres régions, calorifiques en deçà du rouge, chimiques au delà du violet.

Étudiant plus spécialement cette dernière partie du spectre, MM. de Chardonnet et Soret parvinrent à établir que si elle échappait à notre vue, c'est que les radiations la composant, avant de pouvoir parvenir jusqu'à la rétine ou couche sensible de l'œil, se trouvaient absorbées par les humeurs de cet organe.

Bientôt, du reste, complétant ces premières recherches, M. de Chardonnet observa qu'une lame mince d'argent assez épaisse pour s'opposer au passage de la lumière était parfaitement perméable aux rayons ultra-violets et qu'il était par suite possible d'obtenir une photographie derrière une plaque de ce métal.

L'expérience en fut réalisée en 1886 par M. de Chardonnet qui, à cette époque, obtint de la sorte les premières photographies qui aient été faites au travers de corps opaques. Le dispositif qu'il employait était fort simple, comme l'on en peut juger par cette indication que j'emprunte à M. Niewenglowski :

« Une lanterne de Dubosq, à l'intérieur de laquelle se trouvait un arc électrique, était obturée par une glace mince de Saint-Gobain argentée sur une de ses faces, qui cachait à la vue l'arc électrique ; un appareil photographique, placé devant, recevait les radiations complètement invisibles qui avaient traversé l'argent et fournissait une photographie très nette de l'arc électrique. Une statue en marbre de Carrare put aussi, avec un temps de pose de quinze minutes, être photographiée à travers l'obturateur métallique (1). »

(1) Niewenglowski. — Rayons ultra-violets et rayons X, dans *La Science française*, n° 58 du 6 mars 1896, p. 68.

Comme l'on voit, les rayons ultra-violets (1) se comportent ici absolument d'une façon analogue aux rayons X de M. Rœntgen qui, ainsi que le constataient tout dernièrement MM. Dariex et de Rochas dans une note soumise à l'Académie des Sciences (2) par M. A. Cornu, ont la plus grande peine à fran-

(1) Tout dernièrement M. L. Colson a montré que les radiations infra-rouges exerçaient elles aussi une action comparable, impressionnant la plaque sensible comme les radiations visibles, sous la seule condition d'être suffisamment intenses. « Pour les radiations visibles, écrit en effet cet auteur dans une note présentée à l'Académie des Sciences, il faut tenir compte de la propriété, que possède la plaque, *d'accumuler* les effets successifs, tandis que l'œil se sature en une fraction de seconde. J'ai appliqué derrière une planchette de sapin de 5^{mm} d'épaisseur une plaque Lumière (bleue), protégée et maintenue par quatre feuilles de papier noir collées sur le bois. Après une exposition de huit heures à la lumière diffuse du jour, j'ai obtenu un bon cliché montrant la structure du bois et donnant un négatif d'une épreuve sur papier interposée entre la plaque et la planchette ; du papier d'étain était légèrement traversé, et du papier noir ne l'était nullement. Je me suis assuré que, dans ces conditions d'éclairage, il fallait réduire l'épaisseur à moins de 3^{mm} pour que l'œil, habitué à l'obscurité, puisse percevoir la lumière au travers. Les rayons lumineux peuvent donc, avec le temps, impressionner la plaque d'une façon appréciable au travers de corps que nous appelons opaques. (*Comptes rendus hebdomadaires des séances de l'Académie des Sciences*, séance du 9 mars 1896, p. 600).

(2) Dariex et de Rochas. — *Sur la cause de l'invisibilité des rayons de Rœntgen*, dans les *Comptes rendus hebdo-*

chir les milieux de l'œil si facilement perméables cependant à la lumière ordinaire.

Quoi qu'il en soit, l'expérience de M. de Chardonnet montrait nettement qu'il y avait un gros inconnu à dégager en ce qui concerne les modes de la propagation des diverses ondes au travers des différents milieux.

L'hypothèse de Crookes sur la matière radiante devait être le point de départ naturel des recherches qui ont amené progressivement M. Rœntgen à sa merveilleuse découverte.

Il y a plusieurs années, en étudiant les rayons cathodiques (1), le grand physicien Hertz avait démontré que ces rayons, qui agissent sur la plaque photographique sensible à la façon des rayons ultra-violets du spectre solaire, et qui, ainsi encore que ces mêmes rayons ultra-violets,

mndaires des séances de l'Académie des Sciences, séance du 24 février 1896, p. 458.

(1) Les rayons cathodiques sont des rayons semblant prendre naissance dans un tube de Crookes de la _cathode_ ou électrode négative. Le tube de Crookes est un tube de verre dans lequel le vide a été fait de façon à peu près parfaite ; les parois de ce tube sont traversées par deux fils en aluminium servant de conducteurs et permettant de les relier aux deux pôles d'une source d'électricité. Nous reviendrons du reste tout à l'heure sur l'emploi de ces tubes et sur les phénomènes qu'ils ont permis de constater.

jouissent de la propriété de rendre phosphorescentes certaines substances telles que le platino-
cyanure de baryum, étaient capables de traverser
successivement plusieurs feuilles de métal parfaitement opaques pour la lumière ordinaire.

Ebert, Jaumann, Wiedeman, qui au mois d'août
dernier constatait à son tour que l'étincelle électrique et les tubes à vide émettent des radiations
susceptibles de rendre phosphorescentes à tem-
pérature assez basse un grand nombre de substances, avaient repris et complété les premières
indications de Hertz. Mais, c'est surtout au savant
hongrois Lenard, l'élève et le préparateur de
Hertz, que revient l'honneur d'avoir le premier,
à l'aide des rayons cathodiques, obtenu en dehors
du tube de Crookes et au travers des corps opaques, des images photographiques.

M. Lenard, en effet, imagina un dispositif des
plus ingénieux pour faire sortir dans l'atmosphère
les rayons cathodiques que l'on n'avait jamais
constatés auparavant qu'à l'intérieur des appareils
où ils étaient produits.

A cet effet, sur les conseils de Hertz qui avait
reconnu qu'en fait « des lames métalliques sont
plus transparentes aux rayons cathodiques que
des lames de mica d'égale épaisseur (1) », Lenard

(1) *La Lumière électrique*, t. XLIII. p. 393.

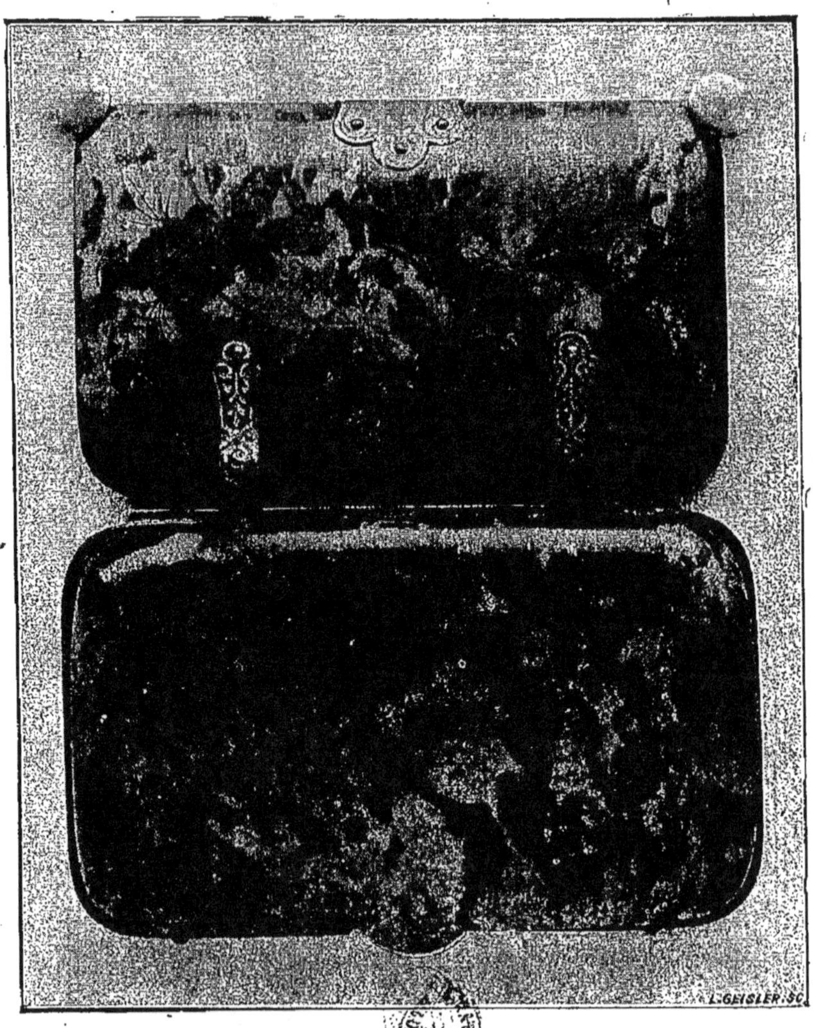

Négatif A. Londe.   Photocollogravure L. Geisler.

Planche 7. — Porte-Cigarettes en Celluloïd et Métal.

(Épreuve obtenue par la Photographie ordinaire).

　　　Photocollogravure L. Geisler.

Planche 8. — Porte-Cigarettes en Celluloïd et Métal.

(Epreuve obtenue avec les rayons X).

construisit un tube de Crookes O muni, à l'une de ses extrémités, d'un diaphragme en aluminium P extrêmement mince — son épaisseur mesurait seulement trois millièmes de millimètre — mais parfaitement opaque cependant pour la lumière et suffisant aussi pour arrêter le passage de l'air et résister à la pression de l'atmosphère (*fig.* 3).

Des rayons cathodiques de grande intensité ayant été produits à l'intérieur de cet appareil et dirigés sur la fenêtre d'aluminium, Lenard eut la satisfaction de les voir franchir la paroi de leur prison et s'échapper au dehors où leur présence se décelait dans la zone obscure avoisinant l'extrémité du tube par le moyen des substances phosphorescentes qui y brillaient d'un vif éclat, alors que des pellicules photographiques sensibles introduites dans la même région noircissaient rapidement.

Lenard, étudiant la marche de ces rayons au moyen de petits écrans phosphorescents, constata qu'ils n'étaient pas la prolongation directe de l'effluve intérieur, mais qu'ils se répandaient dans l'air « comme dans un milieu trouble et diffusant, à peu près comme les rayons lumineux pénètrent dans une fumée ou dans un liquide trouble. »

Voici, du reste, d'après le savant physicien anglais Dr Olivier Lodge, membre de la Société

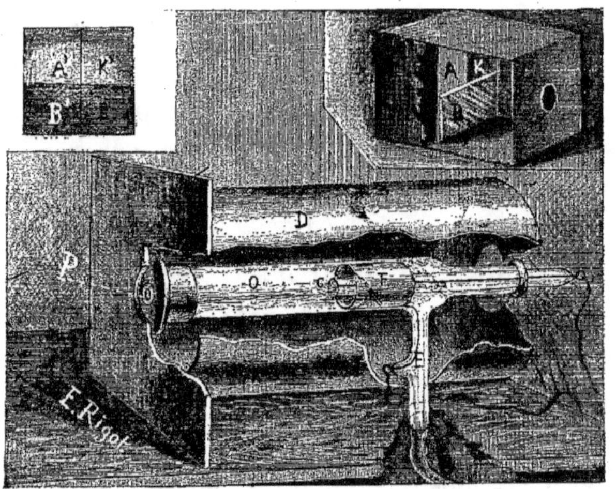

FIG. 3. — Expérience de Lenard.

royale de Londres, le résumé des observations de Lenard sur la marche des rayons cathodiques dans les milieux pondérables.

« Lenard trouva, comme gaz le plus transparent, l'hydrogène ; mais ce gaz, amené par compression à la densité de l'oxygène, se comportait comme ce dernier. Les métaux et les substances non métalliques d'égale densité étaient opaques approximativement au même degré. De plus, aucune substance n'était complètement transparente ou opaque, toutes étaient troubles comme le lait. Elles n'arrêtaient pas les rayons par réflexion, mais par diffusion. Après avoir traversé un milieu d'une certaine épaisseur, le faisceau primitivement nettement découpé par un diaphragme, s'étalait et se bordait d'une sorte d'auréole visible sur l'image reçue sur un écran fluorescent. Mais l'état trouble du milieu, fait remarquer Lenard, n'est pas accentué par la présence de poussières ou de particules en suspension. C'est une opacité d'ordre moléculaire.

« L'aluminium était plus transparent à ces rayons que le quartz, et, pour le démontrer, *la silhouette d'un morceau de quartz fut photographiée sur une plaque sensible enfermée dans une boîte à paroi d'aluminium*, les rayons étant partiellement interceptés par des lames de quartz et d'aluminium en partie superposées. Au développement, la plaque présenta quatre régions d'aspects différents ; la plus foncée A' correspondait à la partie non interceptée du faisceau ; moins foncée K' était la partie embrassée par l'ombre de l'écran d'aluminium ; plus claire encore était l'ombre de l'écran de quartz B', et à peu près intacte celle des écrans superposés (*fig.* 3) (1). »

Comme il est facile de le voir d'après cette note, il s'en est fallu de bien peu que, dès 1894, époque où eurent lieu ces dernières expériences de Lenard, celui-ci n'ait réalisé dans toute son étendue la découverte de la photographie au travers des corps opaques.

En somme dans l'affaire, ainsi que le déclarait fort nettement au premier jour M. F. Bonfante, Ingénieur des arts et manufactures, en rendant compte dans un remarquable article du *Génie Moderne*, des expériences si saisissantes de M. Rœntgen, « le seul tort de Lenard a été de vouloir se mettre trop à l'abri des influences électriques extérieures en enveloppant tout son appareil d'un écran métallique continu. N'observant les rayons cathodiques qu'à leur sortie de la fenêtre en aluminium, il n'a pu observer les phénomènes de transmission à travers les corps opaques, comme a pu le faire Rœntgen (2). »

(1) D* Olivier Lodge. — *Sur les rayons de Lenard et de Rœntgen*, dans l'*Eclairage électrique*, n° 7 du 15 février 1896, p. 303.

(2) F. Bonfante. — *La découverte de Rœntgen et les rayons cathodiques*, dans le *Génie moderne*, n° 8, du 15 au 31 janvier 1895, p. 117, col. 1.

M. Rœntgen lui-même, du reste, — et la chose est entièrement à son honneur, — avec une haute probité scientifique, en rendant compte le 25 janvier dernier, à Wurtzbourg, devant un auditoire d'élite, des circonstances de sa découverte, a tenu à déclarer hautement que son véritable précurseur avait été le savant hongrois Lenard.

CHAPITRE IV

LA NATURE ET L'ORIGINE DES RAYONS X

Effets produits par le passage de l'étincelle électrique dans les gaz raréfiés. — Tubes de Geissler et tubes de Crookes. — Le temps nécessaire pour remplir d'air un ballon de 13.5 centimètres de diamètre. — L'hypothèse de la matière radiante. — Les expériences de Crookes. — Le bombardement moléculaire. — L'hypothèse de la matière radiante battue en brèche. — Propriétés des rayons cathodiques. — Que sont les rayons X? — Hypothèse de M. Rœntgen. — Les rayons X considérés comme étant dus à des vibrations longitudinales. — Les autres hypothèses. — Nature électrique des rayons X. — L'origine des radiations de Rœntgen. — Les rayons X émanent de l'enveloppe du tube de Crookes. — Expériences contradictoires.

C'est un fait connu depuis longtemps déjà que, dans les gaz raréfiés, l'étincelle électrique produit, par son passage, des phénomènes lumineux d'un superbe éclat.

Les tubes de Geissler (*fig.* 4), qui ne sont autre chose que des tubes de verre à l'intérieur desquels le vide a été fait à l'aide de la machine pneumatique, et dont les extrémités sont traversées par des fils métalliques d'aluminium, constituent justement une application bien connue de cette qualité que présente l'étincelle électrique.

FIG 4. — Tube de Geissler.

Cependant, dans les tubes de Geissler, il s'en faut de beaucoup que la raréfaction des gaz ait été poussée à ses dernières limites.

Le physicien anglais Williams Crookes, reprenant de précédentes expériences du savant physicien Hittorf (1), a montré qu'il était en effet facile d'obtenir des tubes dans lesquels la pression se trouvait abaissée au point de n'être plus qu'un millionnième de celle

(1) Le rôle de Crookes, rôle, de première importance, du reste, dans cette étude des phénomènes produits par les décharges électriques au travers des gaz raréfiés, a été surtout de donner une interprétation matérielle aux phénomènes découverts par Hittorf, de les présenter sous une forme saisissante pour l'esprit, de les vulgariser en quelque sorte.

de l'atmosphère. En de tels appareils, du reste, le vide, au contraire de ce que l'on pourrait penser est encore fort loin d'être complet. M. Williams Crookes en a donné d'après M. Johnston Stoney (1) une démonstration saisissante.

« Un centimètre cube d'air, a calculé M. Stoney, contient environ un sextillion de molécules. Par conséquent, un ballon de 13.5 centimètres de diamètre — dimension d'un appareil servant à Crookes pour ses expériences — contient un nombre de molécules égal à

$13.5^3 \times 0.5236 \times 1.000.000.000.000.000.000.000$, c'est-à-dire $1.288.252.350.000.000.000.000$ de molécules d'air sous la pression ordinaire. Par conséquent, lorsque l'air du ballon est amené à ne plus exercer que la pression d'un millionnième d'atmosphère, il contient encore $1.288.252.350.000.000.000$ de molécules, et si l'on perce le ballon à l'aide de l'étincelle d'induction, — étincelle qui détermine un trou tout à fait microscopique, — $1.288.251.061.747.650.000.000.000$ de molécules devront rentrer par l'ouverture. S'il passe 100 millions de molécules par seconde, le temps nécessaire pour le passage de toutes ces molécules sera :

```
         12 882 510 617 476 500  secondes
ou          214 708 510 291 275  minutes
ou            3 578 475 171 521  heures
```

(1) *Philosophical magazine*, vol. 36, p. 141.

ou   149 103 132 147 jours
ou   408 501 731 ans (1). »

Cependant, en ces tubes où un nombre aussi prodigieux de molécules subsistent encore, alors que la pression y a été abaissée à des limites aussi faibles que celles réalisées par Crookes, le passage de l'étincelle électrique se caractérise par des effets nouveaux.

Au lieu de la fluorescence spendide qui, dans le tube de Geissler, illumine l'appareil entier, autour de l'extrémité du fil relié au pôle négatif de la source d'électricité, l'on constate un espace presque obscur et dans lequel cependant « existent des rayons capables d'impressionner une substance photographique, de rendre lumineux certains corps phosphorescents (verre, rubis, diamant, etc.) (*Fig.* 5), de produire divers effets calorifiques et mécaniques: ce sont les *rayons cathodiques* » (2).

C'est à ces rayons cathodiques venant heurter contre les parois du tube que sont dus les effets lumineux produits.

Cependant, ayant découvert un nouvel ordre de

---

(1) W. Crookes. — *La matière radiante*, dans la *Revue scientifique*, 2° série, tome XVII, p. 395·

(2) L. Poincarré. — *Les rayons cathodiques et l'hypothèse de la matière radiante*, dans la *Revue générale des Sciences pures et appliquées*, année 1894, p. 701.

phénomènes, Crookes tout naturellement devait se trouver conduit à en chercher l'interprétation. Ses études à cet égard l'amenèrent à formuler sa fameuse théorie de la *matière radiante*.

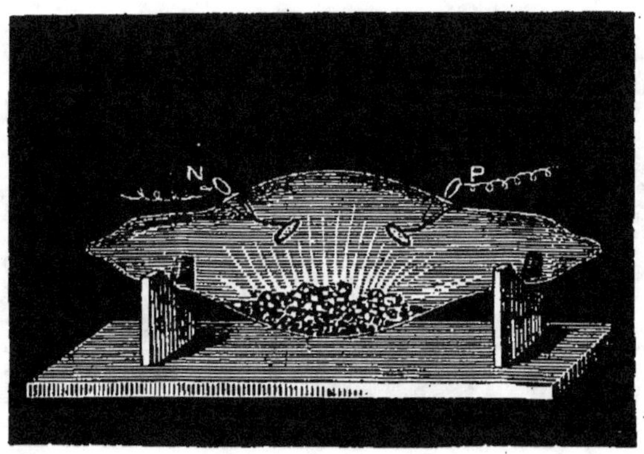

FIG. 5. — Phosphorescence de corps solides, rubis, sous l'action des rayons cathodiques.

Si l'on considère un gaz sous la pression ordinaire, l'on sait qu'il est formé d'un nombre énorme de molécules accumulées les unes auprès des autres et se mouvant librement. Cependant, en raison de l'immense quantité de ces éléments primordiaux constitutifs des gaz, les limites du parcours qu'une molécule peut accomplir sans venir heurter contre une autre molécule voisine sont fatalement extrêmement réduites. Mais, dans un milieu raréfié comme celui des tubes de Crookes, il n'en est plus de même; ici, en effet, le nombre des molécules ayant diminué alors que le volume de l'enceinte est demeuré constant, la longueur moyenne de « la course libre » de chacune d'elles s'est accrue en proportion.

FIG. 6. — Phénomènes lumineux différents avec le verre des tubes.

Crookes admet que dans les gaz à cet état particulier où la raréfaction « a tellement allongé la course libre moyenne des molécules, que le nombre des collisions qui ont lieu en un temps donné est devenu pour ainsi dire absolument négligeable, et que les molécules peuvent suivre sans obstacles leurs mouvements ou leurs lois propres » la matière se présente sous un quatrième état, qu'il appelle *état radiant*, « lequel est aussi éloigné de l'état gazeux que celui-ci l'est de l'état liquide. »

Cette matière radiante, évidemment, présente des propriétés particulières caractéristiques.

Ainsi, sous l'influence de l'afflux électrique, les molécules la composant peuvent s'animer de mouvements très rapides de répulsion et d'at-

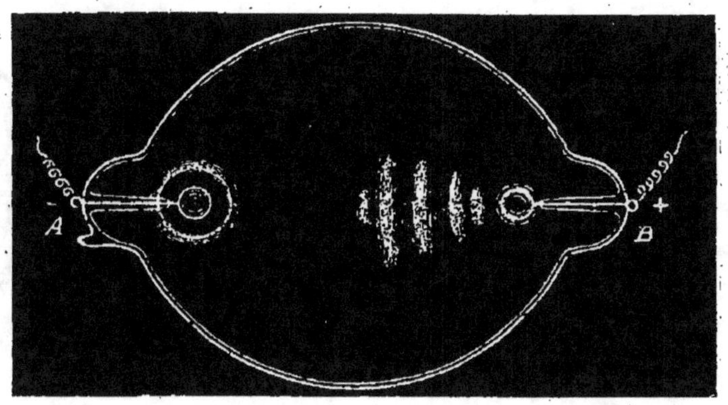

FIG. 7. — Tube de Crookes : zone obscure du pôle négatif ou cathode.

traction, et donnent alors lieu à de véritables « bombardements moléculaires » qui se traduisent à nos yeux par des phénomènes lumineux affectant des formes diverses : bandes lumineuses, auréoles, stratifications colorées, etc. (*Fig.* 6, 7 et 8.)

Crookes, au surplus, par des expériences des plus variées et d'une merveilleuse ingéniosité s'efforça de démontrer la réalité de son hypothèse.

En faisant tomber le courant moléculaire produit dans son tube par le passage de l'étincelle sur du diamant, sur du rubis (*Fig.* 5), sur des verres de différentes natures, il fit voir que partout où frappe la matière radiante, elle détermine une action

Fig. 8. — Tube de Crookes : Stratifications de la matière radiante.

phosphorogénique énergique; en comparant la direction des rayons émanant de la cathode (électrode négative) dans un tube de Geissler et dans un tube de sa composition absolument semblable dans ses dispositions matérielles (*Fig.* 9), il montra sans réplique qu'elle se propage toujours en ligne droite (1), si bien qu'un écran interposé sur sa route provoque derrière lui la formation d'une

(1) Avant Crookes, Hittorf avait déjà constaté et démontré expérimentalement cette propriété des rayons émanant de la cathode.

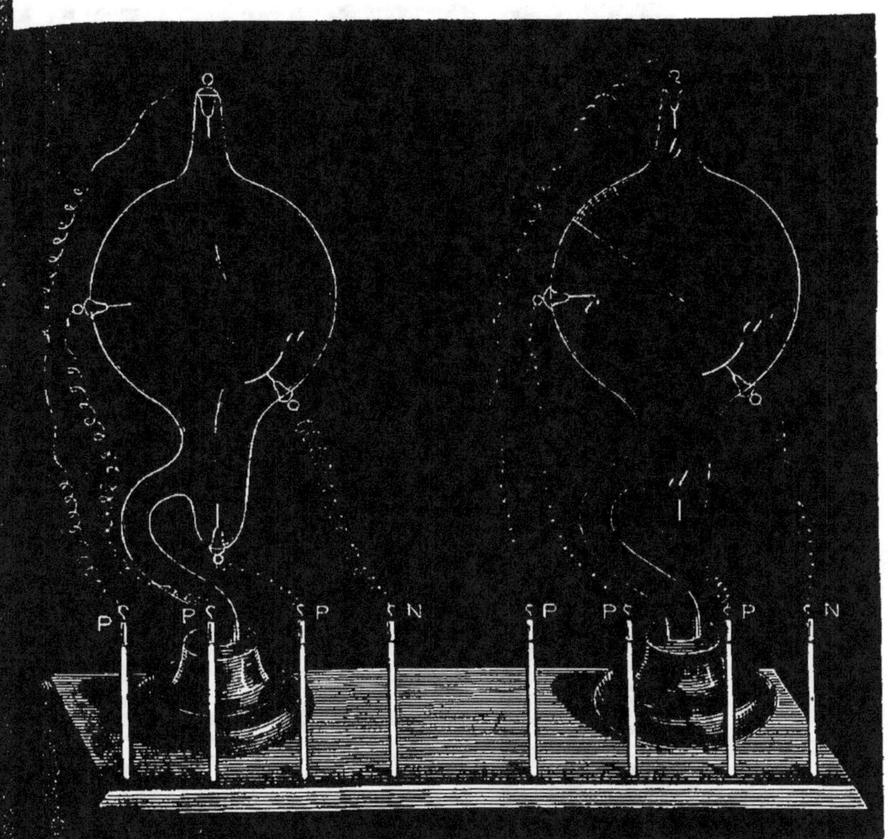

Fig. 9. — Expérience de Hittorf montrant la propagation
rectiligne des rayons cathodiques.

A droite un tube de Hittorf dans lequel les rayons cathodiques suivent un chemin rectiligne ; à gauche un tube
de Geissler dans lequel les rayons partant de la cathode a
se divisent en trois faisceaux dirigés vers les trois anodes.

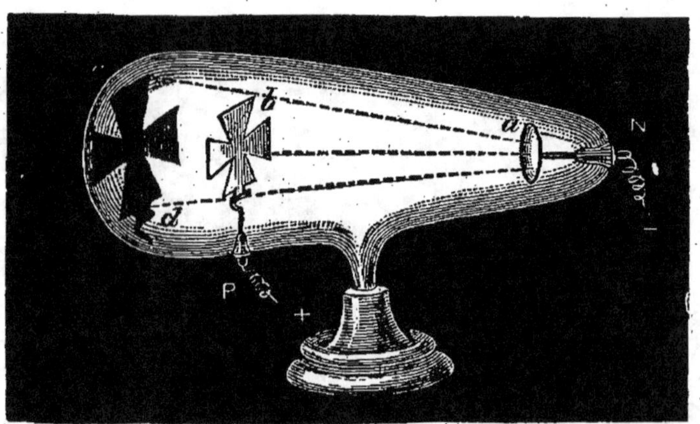

Fig. 10. — Rayons interceptés par une croix métallique.

a Cathode ; *b* écran métallique relié à l'anode P ; *d* ombre portée par l'écran.

Fig. 11. — Action mécanique de la matière radiante.

ombre (*Fig*. 10). Mais, ce n'est pas tout ; Crookes constata encore que la matière radiante exerce une action mécanique énergique sur les corps qu'elle vient frapper (*Fig*. 11), si bien que le bombardement des molécules est capable de mettre en mouvement une roue légère installée à l'intérieur du tube (*Fig*. 12), ou encore de provoquer la vibration d'une lame métallique inclinée qui fait alors entendre un son perceptible à l'oreille (*Fig*. 11), qu'elle est déviable par un aimant (*Fig.* 13), et qu'elle produit enfin de la chaleur lorsqu'elle est arrêtée dans son mouvement (*Fig.* 14).

Cependant, en dépit de l'ingéniosité de ces démonstrations, les savants n'adoptèrent pas sans

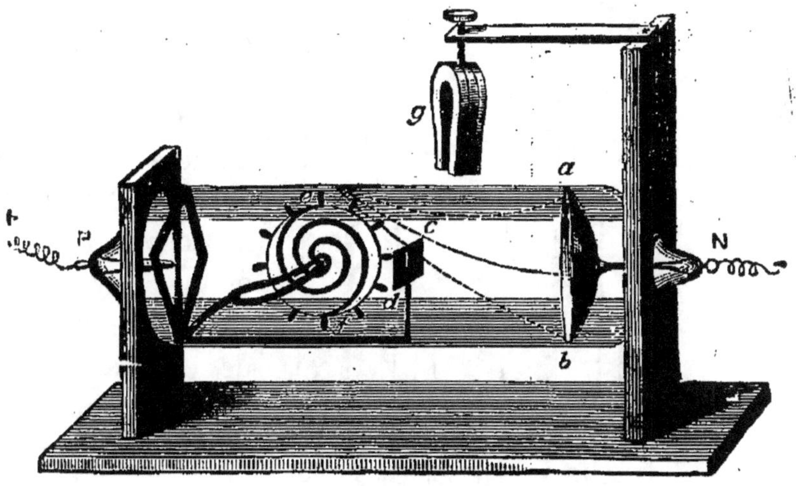

FIG. 12. — Roue mise en mouvement par les rayons de Crookes.

discussion les idées émises par le physicien anglais.

M. Goldstein le premier, puis Hertz, Wiedeman, Ebert, Jaumann, instituèrent à leur tour des recherches dont le résultat fut de battre en brèche la théorie cinétique de la matière radiante. Enfin, l'expérience de M. Lenard amenant les rayons cathodiques en dehors du tube où ils se trouvent produits, — expérience dont nous avons rapporté les dispositions essentielles dans notre précédent chapitre (Voir p. 49), — vint montrer sans réplique que l'existence des rayons cathodiques n'était point nécessairement fonction d'un état spécial de la matière et par suite que pour les expliquer il convenait d'abandonner l'hypothèse, si séduisante qu'elle fut, de « l'état radiant » pour ne plus voir en eux que de véritables rayons lumineux engendrés par les vibrations de l'éther.

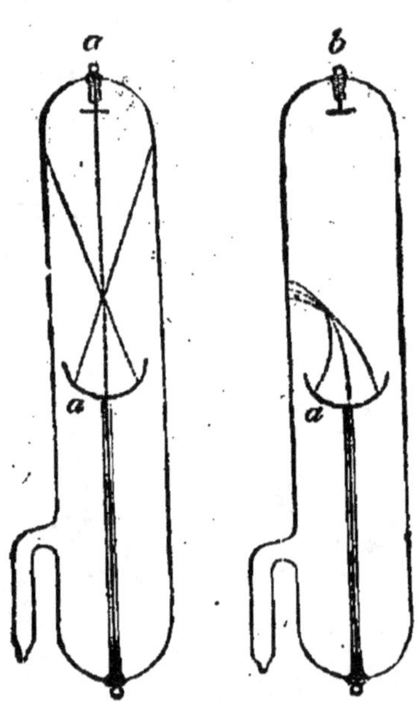

Fig. 13. — Phénomènes calorifiques obtenus dans le tube de droite. Dans ce dernier tube, le faisceau de rayons cathodiques dévié par un aimant, vient frapper la paroi de verre qu'elle échauffe au point de la faire fondre.

On reconnut bien vite du reste que ces rayons cathodiques qui, invisibles par eux-mêmes, excitent, ainsi que nous l'avons noté, la phosphorescence de certains corps tels que le platinocyanure de baryum, le pentadécylparatolyl-

Négatif A. Londe. Photocollogravure L. Geisler.

Planche 9. — Cartouches de fusil de chasse.

Épreuve obtenue par la Photographie ordinaire.

Planche 10. — Cartouches de fusil de chasse.
Epreuve obtenue avec les Rayons X.

cétone, un mélange de sulfure de baryum ou de calcium avec de l'oxyde d'antimoine (Battelli et

FIG. 14. — Incandescence d'une lame de platine *b*, placée au foyer de la cathode *a*.

Garbasso), le tungstate de calcium cristallisé (Edison), et surtout le platinocyanure de potassium, qui d'après M. Silvanus P. Thomson, serait toutes choses égales, d'ailleurs, dix fois plus fluorescent (1) qu'aucune autre substance, etc., et impressionnent aussi les plaques photographiques, on reconnut bien vite, disons - nous, que leur mode de propagation, dans l'atmosphère au

(1) *Comptes-rendus hebdomadaires des séances de l'Académie des Sciences*, séance du 7 avril, p. 307.

moins, n'était pas rectiligne, qu'ils étaient inc
pables de pénétrer au travers les corps opaque
mais devaient les contourner. Enfin, on constat
encore que ces rayons cathodiques, qui sont dé

FIG. 15. — Deux faiseaux de matière radiante se repoussent.

viés par l'aimant aussi bien dans l'air que dans
l'atmosphère raréfiée des tubes de Crookes, n'é-
taient point toujours de même nature, et que, suivant leur état, ils étaient plus ou moins influencés
par les actions magnétiques et présentaient des
capacités de phosphorescence particulières. De
plus, M. J. Perrin fit voir qu'ils étaient toujours
électrisés négativement.

Ce sont là, assurément, des qualités très différentes de celles des rayons X mis en évidence par l'expérience de M. Rœntgen.

Que sont alors ces derniers rayons produits dans le tube de Crookes concurremment avec les rayons cathodiques ?

Comme on a pu le voir à la lecture du mémoire de M. Rœntgen, leur découvreur tend à admettre qu'ils sont dus à des *vibrations longitudinales de l'éther*, vibrations de la possibilité théorique desquelles M. Jaumann a rendu compte et que lord Kelvin envisageait dès 1884 comme une vérité scientifique très probable (1).

Pour M. H. Poincarré, dont l'autorité en pareille matière ne saurait être contestée, les rayons X constitueraient en réalité « un agent nouveau, aussi nouveau que l'était l'électricité du temps de Gilbert, le galvanisme du temps de Volta ». Dès la première heure, du reste, il s'est très nettement expliqué à ce propos dans un article publié par lui dans la *Revue générale des sciences pures et appliquées*.

Cependant, à côté de ces deux hypothèses,

(1) J. Blondin. — *Les rayons de Rœntgen*, dans l'*Eclairage électrique*, n° 7, du 15 février 1896, p. 295, col. 1.

d'autres encore sont proposées et discutées actuellement

En Angleterre, où la théorie de Crookes sur la
matière radiante. compte toujours des partisans.
autorisés, l'on a énoncé l'opinion que les rayons
de Rœntgen seraient dus au mouvement de molécules matérielles.

Beaucoup de savants encore, tendent à admettre
que les rayons X sont tout simplement produits
par des vibrations transversales de l'éther, vibrations extrêmement courtes, par exemple, « analogues à celles qui donnent lieu aux sensations
lumineuses de l'éther, à cela près qu'elles sont
beaucoup plus rapides que ces dernières. Ces
rayons appartiendraient donc à la partie du spectre
situé au delà de l'ultra-violet connu ; ce seraient
des rayons ultra-ultra-violets (1). »

Tel est aussi l'avis de M. Charles Henry qui,
dans une communication à l'Académie des sciences, donne à l'appui de son opinion les raisons
suivantes :

« Il est presque certain que les rayons X sont des
rayons ultra-ultra-violets, c'est à-dire, à vibrations
transversales. Ils ne présentent pas, il est vrai,

(1) J. Blondin. — *Les rayons de Rœntgen,* dans l'*Eclairage électrique*, n° 7, p. 296.

d'interférences : mais c'est ce qui doit avoir lieu, d'après la théorie de Fresnel perfectionnée par Kirchhoff, pour les longueurs d'onde tendant vers zéro. Ils ne se réfractent pas ; mais Wüllner a proposé une formule de la dispersion exprimant l'indice de la réfraction n en fonction de la longueur d'onde, d'où il ressort que $n = 1$ pour $\lambda = 0$; il se produit pour les petites longueurs d'onde, une régression des réfrangibilités ; comme il n'y a pas réfraction, il ne peut y avoir double réfraction, ni polarisation pour ces rayons. Ils illuminent les corps phosphorescents ; or, d'après la loi de Stokes, ces corps ne peuvent s'illuminer qu'en absorbant des radiations de nombres de vibrations plus grandes que celles qu'ils émettent ; donc les X doivent être ultra-violets. Ils déchargent, comme ceux-ci, les corps électrisés. A ce propos il convient d'observer que les théories de Maxwell sont impuissantes à expliquer aussi bien la décharge par les rayons X que la décharge par les rayons ultra-violets (1).

Enfin, dernière hypothèse émise, conformément à l'avis de M. Henri Dufour, professeur de physique à l'Université de Lausanne, les rayons X auraient une origine électrique (2). « Les radia-

(1) Charles Henry. — *Sur les rayons Rœntgen*, dans les *Comptes-rendus de l'Académie des sciences*, séance du 30 mars 1896, p. 787.

(2) M. Becquerel, à la suite de ses dernières recherches sur les propriétés des radiations invisibles émises par les substances fluorescentes tend à partager cette façon de voir du savant professeur de l'Université de Lausanne.

tions actiniques, qui émanent de la surface des tubes de Crookes, écrit à ce propos cet auteur, paraissent avoir une origine électrique; elles constituent un phénomène analogue à l'effluve électrique, et agissent comme telles sur les plaques sensibles (1). »

M. Ch.-V. Zenger, directeur de l'Observatoire d'astronomie physique de Prague, émet du reste une opinion plus radicale encore. D'après ce dernier savant, en effet, les rayons X n'existeraient pas et les photographies obtenues suivant les indications de M. Rœntgen, photographies qui semblent justement démontrer la réalité des rayons X, seraient tout bonnement dues à « un phénomène d'induction électrique produisant la phosphorescence de la gélatine et en même temps la décharge électrique dans la gélatine (des plaques sensibles); enfin, la fluorescence de l'air ambiant, comme dans le cas de la décharge en aigrettes (décharge sombre) de l'électricité. A mon sens, ce sont ces trois agents qui déterminent la décomposition des sels d'argent dans la couche sensible : (2) il n'y a

(1) Henri Dufour. — *Observations sur la formation des rayons Rœntgen,* dans la *Revue générale des Sciences pures et appliquées,* n° 4, du 29 février 1896, p. 193.

(2) Ch.-V. Zenger. — *Sur la production des silhouettes de Rœntgen,* dans les *Comptes rendus hebdomadaires des séances de l'Académie des Sciences,* n° 8, du 24 février 1896, p. 456.

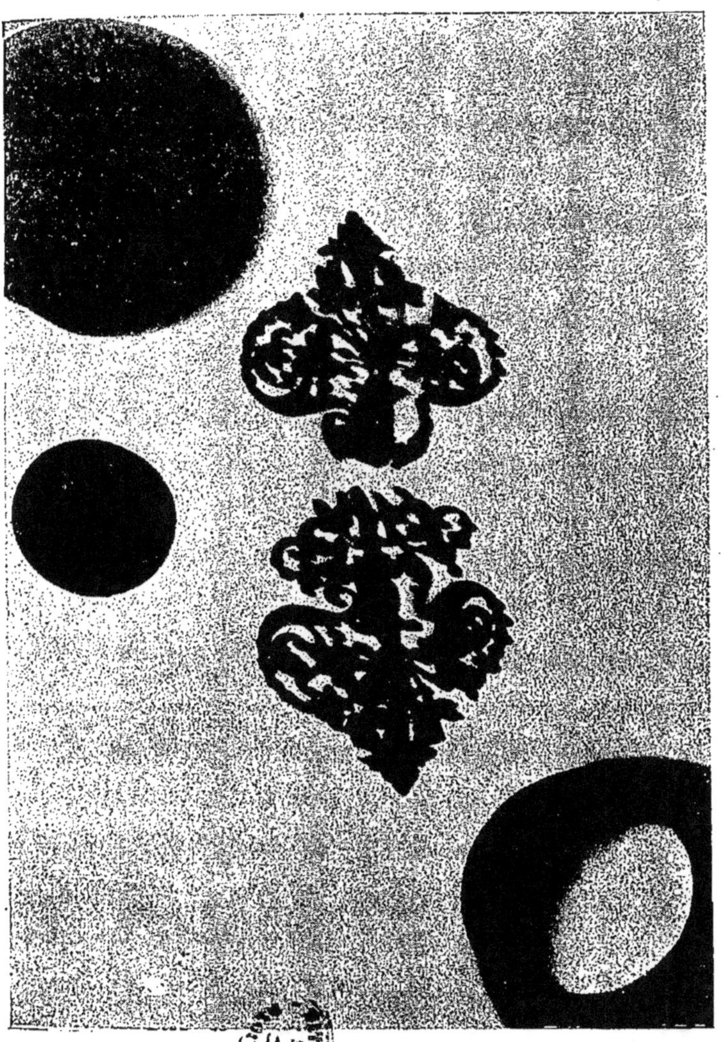

Planche 11. — Boucles de métal et jetons photographiés par des radiations de phorphorescence.

(D'après une photographie de M. Troost,

pas de rayonnement spécial, de rayons X ou de lumière noire, etc. »

Il est à noter, au reste, que d'anciennes expériences de M. Donato Tomasi semblent, dans une certaine mesure, au moins, justifier une telle façon de voir.

Naguère, en effet, en 1886, dans la séance de l'Académie des Sciences, du 22 mars, M. Donato Tomasi démontra que l'effluve obscure produite par une machine de Holtz impressionnait la plaque photographique, ni plus ni moins que les rayons ultra-violets du spectre. Voici, du reste, la description de son expérience :

« Deux brosses métalliques, disposées parallèlement en regard l'une de l'autre, sont reliées chacune à un pôle d'une machine de Holtz. Une plaque au gélatino-bromure, sensiblement de même hauteur, est placée perpendiculairement aux brosses, de telle sorte que le plan de la face sensibilisée contienne les bords de ces brosses, ou en soit très voisin dans les deux sens. Le courant établi, une pose de quelques minutes est suffisante. Je n'ai pas besoin de rappeler que cette opération doit s'effectuer dans l'obscurité la plus complète. Il ne reste plus alors qu'à développer et à fixer, par les procédés ordinaires, l'image obtenue (1). »

(1) **Donato-Tomasi.** — *De l'effluviographie ou obtention de l'image par l'effluve,* dans les *Comptes rendus hebdo-*

La question de la nature précise des rayons X, on le voit, est jusqu'ici très loin d'être nettement tranchée. Celle de l'origine de ces radiations, bien qu'admettant encore certaines interprétations, ne laisse pas d'être dès à présent infiniment mieux précisée.

D'après M. Rœntgen, le centre d'émission des rayons X est l'enveloppe même du tube de Crookes. Les rayons cathodiques produits à l'intérieur de ce tube, en venant frapper sur sa paroi, la rendent fluorescente. Or, à ce moment, cette paroi devient à son tour « un centre de radiation » émettant d'une part des ondulations transversales perçues par notre œil sous l'apparence d'une lueur jaune-verdâtre, cette lueur même qui illumine l'appareil, et les rayons X de l'autre.

Rien n'est du reste plus facile à prouver. Il suffit pour cela d'examiner les changements de direction que présentent les ombres portées par les rayons X, quand l'on vient à déplacer dans le tube, au moyen de l'aimant, la direction du faisceau de rayons cathodiques. L'expérience démontre nettement que les rayons X prennent exactement naissance au point précis où la déviation a conduit les radiations émanées de la cathode.

madaires des séances de l'Académie des Sciences, année 1886, séance du 22 mars.

Cependant, depuis ces premières constatations, divers savants ont contesté que les rayons X prissent naissance sur l'enveloppe du tube de Crookes.

D'après M. de Heen, de Liège, en effet, les rayons X, et de même les rayons cathodiques, « émaneraient de l'anode, c'est-à-dire du pôle positif du tube. Il suffit pour le démontrer, — écrit M. de Heen dans une lettre adressée le 13 février 1896, à M. le Secrétaire perpétuel de l'Académie des Sciences, à Paris, — de placer entre le tube de Crookes et la plaque sensible, un écran en plomb percé de quelques ouvertures permettant le passage de faisceaux de rayons. La direction de ceux-ci sur la plaque indique qu'ils émanent du pôle positif et non du pôle négatif. Ce sont donc des *rayons anodiques*. »

Enfin, MM. Girard, directeur du laboratoire municipal de Paris, et F. Bordas, ont réalisé un dispositif expérimental fort ingénieux (1) qui sem-

(1) Il est à remarquer à ce propos que M. le prince B. Galitzine, membre de l'Académie des sciences de St-Pétersbourg, et M. de Karnojitzky, sont arrivés à une conclusion presque semblable.

Dans une note *sur les centres d'émission des rayons X*, note adressée, par ces deux savants, à l'Académie des sciences, l'on relève en effet cette mention « qu'il est fort possible que, outre le centre d'émission, qui correspond

ble démontrer nettement que les rayons X *pren-draient simultanément naissance de l'anode et de la cathode.*

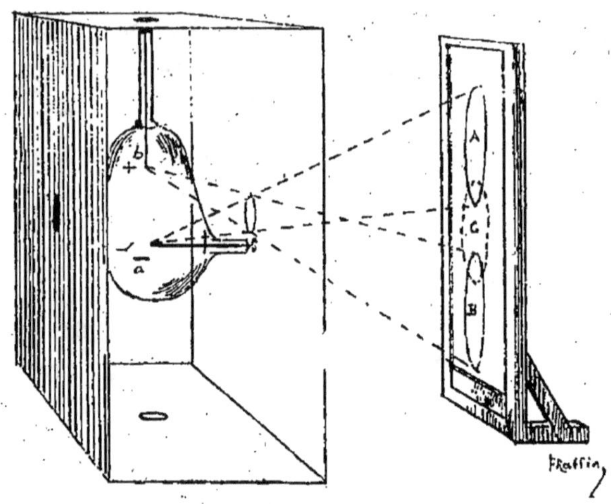

FIG, 16. — Schéma de l'expérience de MM. Girard et Bordas ; *a* cathode ; *b* anode du tube de Crookes ; A, image du faisceau cathodique ; B, image du faisceau anodique ; C, pénombre réunissant les deux zônes cathodique et anodique.

Ayant logé un tube de Crookes à l'intérieur d'une caisse rectangulaire en bois, entièrement recouverte de plomb, et munie sur chacune de

à la cathode, il y en ait un autre qui dérive de l'anode ». (*Comptes rendus hebdomadaire des séances de l'Académie des sciences*, séance du 9 mars 1896, p. 608).

ses parois et vers la partie médiane d'un orifice circulaire de deux centimètres de diamètre, ces deux savants purent constater, en plaçant des plaques sensibles au devant de ces trous, que « les clichés fournis par les parties latérales du tube de Crookes représentaient l'image du tube, avec deux zones circulaires correspondant à l'anode et à la cathode .» (fig. 16). Et il en est si bien ainsi que, « si au lieu d'un diaphragme circulaire, on pratique un orifice en forme d'étoile, on obtient, sur la plaque, une image double de l'étoile ». De même, « si l'on place une lame de plomb dans la caissse, de telle façon qu'on intercepte les rayons émanant, soit de l'anode, soit de la cathode, on obtient un seul cercle sur le cliché. » (1).

Cependant, en dépit de la précision de cette observation de MM. Girard et Bordas, il n'est point démontré le moins du monde que les rayons X aient une double origine anodique et cathodique. De dernières expériences conduites avec une méthode avisée par M. Jean Perrin semblent au contraire établir de la façon la plus nette que conformément à l'opinion première émise par M.

(1) Ch. Girard et F. Bordas. — *Sur les rayons de M. Rœntgen*, dans les *Comptes rendus hebdomadaires des Séances de l'Académie des Sciences*, séance du 9 mars 1896, p. 605.

Rœntgen, les rayons X n'émanent point directe-
tement des électrodes, mais bien des régions
quelles qu'elles soient où les rayons cathodiques
viennent frapper la paroi du tube à vide. M. Perrin
a en effet constaté que « les rayons X se dévelop-
pent effectivement sur les parois *internes* du tube,
plus généralement aux points où un obstacle quelconque arrête les rayons cathodiques, et pas en
d'autres points » (1). Il s'ensuit donc que si des
rayons cathodiques viennent à frapper l'anode,
— ce qui arrive avec certains tubes de Crookes, —
il se produit en ce lieu un départ de rayons X,
départ purement accidentel et provenant uniquement de ce fait que l'anode a joué le rôle d'un
écran sur lequel sont venus heurter des rayons
cathodiques (2)

(1) Jean Perrin. — *Origine des rayons de Rœntgen*, dans
les *Comptes rendus hebdomadaires des Séances de l'Académie
des Sciences*, séance du 23 mars 1896, p. 716.

(2) A rapprocher encore de ces faits observés par M.
Perrin, cette note adressée à l'Académie des sciences (séance
du 7 avril) par M. Silvanus-P. Thomson, et dans laquelle
l'éminent physicien indique comme moyen particulièrement propice à concentrer les rayons cathodiques dans
l'intérieur du tube de Crookes, de façon à obtenir un maximum d'effets, l'emploi de petits écrans que l'on déplace
à l'intérieur du tube jusqu'au moment où l'on voit se produire le plus grand éclat de fluorescence.

Ainsi que le note M. Thomson, cet écran, appelé par

Des observations toutes récentes de MM. le prince B. Galitzine et A. de Karnojitzky, viennent du reste confirmer cette façon de voir. Au cours de leurs recherches, ces deux savants ont, en effet, reconnu que dans certains cas il existait des centres d'émission anodique et que si l'on venait alors à intervertir les électrodes, un nouveau centre anodique se produisait là où se trouvait auparavant le centre cathodique (1).

Mais, s'il est ainsi, n'est-ce pas la preuve fort nette, conformément à l'avis de M. Perrin, que les rayons X prennent bien naissance exactement aux points où les rayons cathodiques viennent buter sur un obstacle ?... Sans que nous voulions l'affirmer de façon définitive, la chose, assurément, paraît au moins probable.

Quoiqu'il en soit, ainsi que l'on en peut juger par cet exposé que nous venons d'en faire, cette question de l'origine des rayons X, pour être moins embrouillée que celle de la nature même des radiations nouvelles découvertes par M. Rœnt-

lui anti-cathode, peut, à l'occasion, être constitué par l'anode.

(1) Prince B. Galitzine et A. de Karnojitzky. — *Recherches concernant les propriétés des rayons X*, dans les *Comptes rendus hebdomadaires des Séances de l'Académie des Sciences*, séance du 23 mars 1896, p. 718.

gen, ne laisse pas encore d'être complexe. Nul
doute, par exemple, que des expériences pro-
chaines ne viennent avant peu la trancher définitivement! C'est, du moins, ce que nous sommes
dès à présent parfaitement en bon droit d'espérer!...

CHAPITRE V

LES PROPRIÉTÉS DES RAYONS X

Les recherches de M. Rœntgen. — Expériences de M. Jean
Perrin. — Les Rayons X n'obéissent pas aux lois de la
réflexion et de la réfraction. — Ils ne sont pas déviés
par l'aimant. — Une expérience de M. Lodge. — La
transparence des corps aux rayons X. — Pourquoi
l'œil ne perçoit pas les rayons X. — Expériences de
MM. de Rochas et Dariex. — Les recherches de M. Chabaud.
— La transparence des diverses sortes de verres. —
Une remarque importante. — L'absorption des radiations de M. Rœntgen par le papier sensible. — Les couleurs sont sans influence sur le passage des rayons X. —
Importance de la nature chimique des corps. — Action
des rayons X sur les corps électrisés. — Une hypothèse
de M. Niewenglowski. — Opinion de M. J.-J. Thomson
sur la prétendue similitude des rayons X et des rayons
ultra-violets.

La découverte des rayons X, ainsi que nous
l'avons pu voir, fut essentiellement fonction de
la propriété qu'ils ont de traverser sans peine certains corps opaques pour la lumière ordinaire et
de cette autre propriété qu'ils partagent avec les
rayons cathodiques et les rayons ultra-violets du

spectre solaire d'impressionner les substances photographiques et de provoquer la fluorescence.

Telles furent les premières constatations. Celles-ci, vraiment, étaient insuffisantes et demandaient à se voir étendues. M. Rœntgen, bientôt suivi par de nombreux expérimentateurs, entreprit immédiament de préciser les connaissances sommaires qu'il pouvait tirer des phénomènes nouveaux, par lui mis en lumière.

Les lecteurs de ce petit livre ont pu voir dans la traduction du mémoire — fondamental dans l'espèce — de M. Rœntgen, mémoire que nous avons reproduit d'après la *Revue générale des sciences pures et appliquées*, les résultats des premières recherches poursuivies à cet égard par le découvreur des rayons X.

En France, c'est à M. Jean Perrin, préparateur de physique à l'Ecole Normale supérieure, que revient le mérite d'avoir le premier entrepris une étude complète au point de vue physique des rayons X.

Ayant reproduit avec succès l'expérience de M. Rœntgen, M. Perrin s'assura tout d'abord que les rayons qui venaient influencer ses écrans sensibles étaient réellement de toute autre nature que les rayons cathodiques. Il n'était pas inutile de faire cette constatation, les rayons cathodiques, comme l'a démontré jadis Lenard, étant susceptibles de sortir des tubes de Crookes, non seulement comme nous l'avons rapporté en décrivant l'expérience classique du savant hongrois, en traversant la fenêtre d'aluminium, mais même en franchissant la paroi de verre, si celle-ci est suffisamment mince.

Or, dans le dispositif adopté par M. Rœntgen, les tubes employés sont de beaucoup trop épais pour permettre aux rayons cathodiques de s'échapper au dehors.

Ce premier point acquis, M. Perrin s'occupa de vérifier les indications fournies par M. Rœntgen au sujet de l'incapacité des rayons X à se laisser réfléchir.

A cet effet, il fit tomber à 45° sur un miroir d'acier poli, puis sur une plaque de flint, un pinceau de rayons de Rœntgen défini par deux fentes de 0^{mm} 5 et distantes de 4 centimètres ; dans aucun des deux cas, une plaque sensible disposée en avant du miroir ne fut impressionnée.

Les tentatives essayées pour réfracter les rayons X, furent encore négatives. Reprenant son installation précédénte (*fig.* 17). M. Perrin remplaça son miroir successivement par un prisme de paraffine d'environ 20° et par un prismé de cire de 90°.

En arrière des prismes qui n'interceptaient que

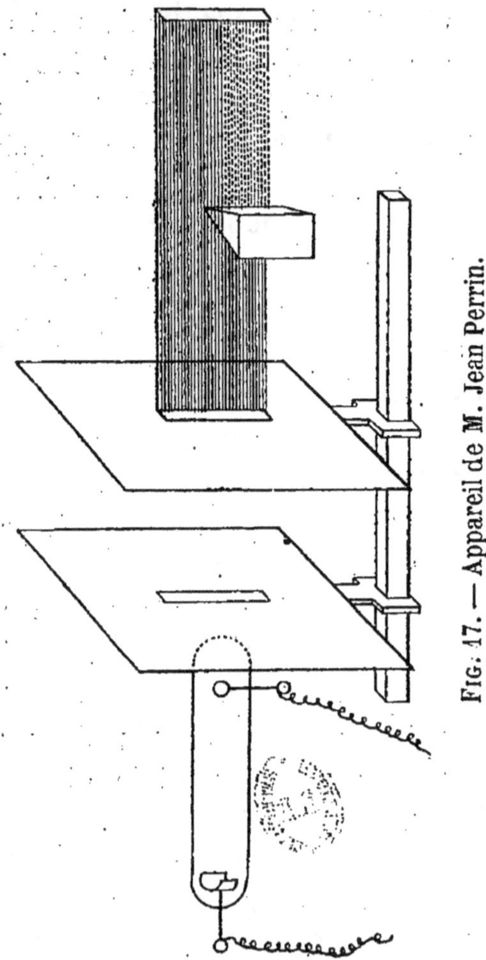

Fig. 17. — Appareil de M. Jean Perrin.

la moitié inférieure du pinceau de rayon défini par

Planche 12. — Représentation du relief d'une médaille.
(D'après une photographie de M. J. Carpentier).

le système de fente, se trouvait disposée une plaque sensible.

En semblable condition, s'il y eut eu la moindre réfraction, il est évident que les deux moitiés inférieure et supérieure du pinceau auraient donné deux images distinctes. Or, il n'en fut rien et la seule image obtenue fut celle d'un trait lumineux parfaitement régulier.

Continuant ces recherches et les controlant l'une par l'autre, du reste, M. Perrin put encore constater que les rayons X ne fournissaient point de franges de diffraction, ne se polarisaient pas (1) et

(1) L'expérience suivante, de MM. le prince B. Galitzine et A. de Karnojitzky, expérience dont les résultats ont été communiqués à l'Académie des Sciences dans la séance du 23 mars, semble démontrer le contraire.

« Nous avons fait préparer, notent les deux savants russes, trois petites plaques de tourmaline très minces (environ $0^{mm}5$ d'épaisseur). Sur la plus grande se posaient les deux autres, une parallèlement et l'autre perpendiculairement à la première. S'il y a polarisation là où les plaques sont croisées, on doit s'attendre à voir l'action des rayons X affaiblie. Il va sans dire que l'action de la lumière ordinaire a été exclue et qu'on a changé plusieurs fois la position relative des petites plaques, afin d'éliminer toute influence d'inégale épaisseur ou de manque d'homogénéité. Dans les huit épreuves obtenues, on peut distinguer que là où les plaques ont été croisées l'action photo-chimique des rayons X a été moindre.

« On peut en conclure que les rayons X se polarisent

n'étaient pas davantage déviés par l'aimant. Cette dernière particularité des rayons X a du reste été depuis également vérifiée par M. Lodge qui, à cet effet, a combiné l'expérience suivante dont nous lui empruntons la description.

« Un électro-aimant puissant, quoique petit (fig. 18), avec un champ très rétréci, a été photographié, en même temps qu'une paire de fils A et C placés parallèlement à la ligne des pôles, mais plus près de la source de rayons, et avec un troisième fil B placé du côté de la plaque sensible et de telle façon que son ombre nette et bien définie se trouvait projetée sur la plaque entre les ombres plus diffuses des deux fils A et C.

« Deux radiographies (1) furent prises par M. Robinson, l'une avec l'aimant excité, l'autre avec l'excitation inversée. A la superposition des deux clichés, avec les ombres de B en coïncidence, on aurait pu découvrir le moindre décalage des ombres A et C. Mais on n'observa absolument aucun déplacement, la coïncidence était parfaite (2). »

et, par suite, qu'ils correspondent à des vibrations transversales ». (*Comptes rendus hebdomadaires des séances de l'Académie des Sciences*, séance du 23 mars 1894, p. 718.)

(1) Nom donné par un certain nombre d'expérimentateurs aux photographies obtenues suivant la méthode de M. Rœntgen.

(2) Dr Olivier Lodge. — *Les hypothèses actuelles sur la nature des rayons de Rœntgen*, dans *l'Éclairage électrique*, n° 7 du 15 février 1896, p. 311.

Il est à remarquer du reste que, depuis lors, M. A. Lafay a réussi à communiquer aux rayons X la propriété d'être déviés par l'aimant.

L'artifice combiné à cet effet par le savant expérimentateur consiste à obliger un faisceau délimité de rayons X à traverser un milieu électrisé, en même temps qu'agit sur lui un champ magnétique puissant. Dans ce cas, l'on observe de façon très nette que le faisceau de rayons X se trouve dévié exactement suivant les mêmes règles que le seraient des rayons cathodiques à l'intérieur du tube (1).

Si l'on cesse au contraire de faire subir au faisceau de rayons X l'influence de l'électrisation, l'on n'obtient plus la moindre déviation « ce qui est conforme, remarque M. A. Lafay, au fait déjà connu qu'un champ électrique est sans action sensible sur les rayons de M. Rœntgen. » (2)

Enfin, dans cette question de la transparence des

____

(1) M. Lafay a du reste reconnu (*Comptes rendus hebdomadaires des séances de l'Académie des Sciences*, séance du 13 avril 1896, p. 839), que pour provoquer une déviation des rayons X, « il est indifférent de les électriser avant ou après leur passage à travers le champ magnétique. »

(2) A. Lafay. — *Sur un moyen de communiquer aux rayons de Rœntgen la propriété d'être déviés par l'aimant*, dans les *Comptes rendus hebdomadaires des séances de l'Académie des Sciences*, séance du 23 mars 1896, p. 714.

divers corps, question qui a depuis, comme nous l'allons voir, préoccupé beaucoup d'expérimentateurs, M. Perrin est encore le premier ayant procédé réellement avec méthode. L'extrait suivant de la

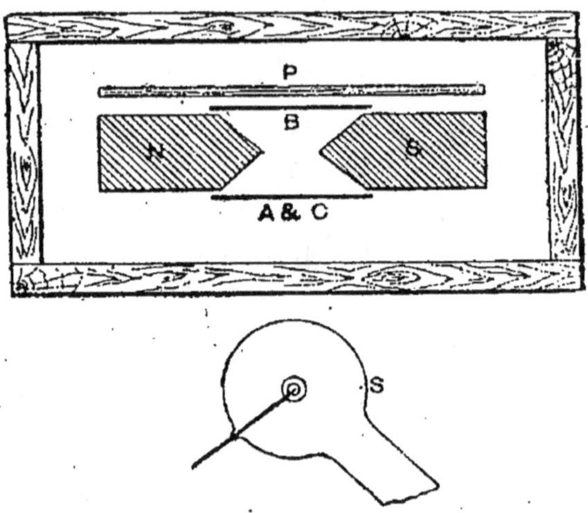

Fig. 18. — Dispositif de l'expérience de M. Lodge. S, source des radiations; P, plaque sensible; N et S, pôles magnétiques; A et C, fils situés l'un au-dessus de l'autre à environ 2 cent. de distance; B, autre fil disposé de manière que son ombre se forme entre celle des précédents.

note qu'il adressait à l'Académie des Sciences le 27 janvier dernier et dans laquelle il consignait le résultat de son enquête sur ce point spécial, le montre fort nettement:

« Le bois, le papier, la cire, la paraffine, l'eau se montrèrent très transparents, l'influence de l'épaisseur restant cependant nette. Viendraient ensuite, à peu près rangés par ordre d'opacité croissante, le charbon, l'os, l'ivoire, le spath, le verre, le quartz (parallèle ou perpendiculaire à l'axe), le sel gemme, le soufre, le fer, l'acier, le cuivre, le laiton, le mercure, le plomb. Ces résultats sont encore peu nombreux, et je ne peux songer à les relier par une loi générale ; toutefois, on peut remarquer, dès maintenant, que les métaux sont en général moins transparents que les autres corps, mais n'ont pas l'opacité absolue qu'ils présentent pour la lumière. Si, par exemple, on superpose trois lames de fer, d'environ $0^{mm}2$ chacune, l'opacité ne paraît atteinte que dans la région commune aux trois lames (1). »

Cette première échelle de transparence dressée par M. Perrin nous donne un enseignement fort intéressant, à savoir que les rayons X ne sont pas susceptibles de traverser commodément tous les milieux perméables aux rayons lumineux ordinaires.

Ainsi, ils sont arrêtés très rapidement par le verre et surtout par le cristal qui renferme dans sa composition des composés plombiques, et MM. de Rochas et Dariex, ainsi que nous l'avons noté au

(1) Jean Perrin. — *Quelques propriétés des rayons de Rœntgen*, dans les *Comptes rendus hebdomadaires des séances de l'Académie des sciences*, séance du 27 janvier 1896, p. 186.

passage dans un précédent chapitre (v. p. 46), ont constaté semblablement que les humeurs de l'œil, notamment le cristallin, étaient très difficilement franchissables (1) aux rayons X, bien que très transparents pour la lumière commune. (*Fig*. 19)

Mais, de nouvelles séries d'expériences n'allaient point tarder à étendre nos connaissances sur cette très importante question, et nous révèler ce fait entre tous intéressant qu'il n'y a point de corps absolument opaques ni d'absolument transparents pour les rayons X.

C'est M. Chabaud qui démontra de façon bien nette que les corps les plus opaques en apparence pouvaient cependant en conditions propices se laisser pénétrer par les invisibles radiations de M. Rœntgen. Ses essais, qui portèrent d'abord sur quatorze métaux ou alliages usuels, lui mon-

(1) Depuis cette communication de MM. de Rochas et Dariex, M. le Dr. Wuillomenet a annoncé avoir réussi à déceler au moyen des rayons X un grain de plomb de chasse n° 10 introduit dans le corps vitré de l'œil d'un lapin. La même expérience tentée sur une tête humaine n'a donné aucun résultat malgré une grande intensité de rayonnement et une pose prolongée (*Comptes rendus hebdomaires des Séances de l'Académie des Sciences*, séance du 23 mars 1896, page 728.) Il ne semble donc pas, devant ces résultats condradictoires, que les conclusions de MM. de Rochas et Dariex doivent être modifiées en ce qui regarde l'imperméabilité grande des milieux de l'œil pour les rayons X.

Fig. 19. — Imperméabilité des humeurs de l'œil.
O. — Œil de porc.
B. — Bague en or entourant le doigt.
A. — Règle de bois de 15 millimètres d'épaisseur.

La photographie montre que les milieux de l'œil sont moins perméables pour les rayons X, que le bois de la règle et les doigts de la main, ce qui explique pourquoi notre œil ne peut les percevoir.

(D'après une photographie de MM. de Rochas et Dariex).

trèrent, que l'aluminium, ce que l'on avait du reste déjà constaté, était particulièrement transparent, même sous des épaisseurs relativement grandes; que les autres métaux, plomb, zinc, cuivre, zinc amalgamé, étain, acier, or, argent se laissaient traverser de façon appréciable, sous la condition de se présenter en lames minces, de $0^{mm}2$ d'épaisseur, que le platine, transparent sous une épaisseur extrêmement faible, un centième de millimètre, devenait rapidement absolument opaque, et que le mercure, enfin, semblait présenter de mêmes qualités que le platine, étant tout à fait imperméable aux rayons X sous une épaisseur, bien faible cependant, de $0^{mm}1$.

A la suite de ces expériences M. Chabaud en entreprit d'autres destinées à mesurer le coefficient de transparence de diverses sortes de verres.

Voici le procès verbal de ces derniers essais qui portèrent sur six échantillons de qualités diverses.

« Les six échantillons mis en expérience étaient les suivants :

Fluorescence (vert d'eau) A, verre à base de soude, de potasse et de chaux.

—   (bleu) B, cristal.

— (vert d'eau claire) C, verre ternaire à base de soude, de potasse et de chaux.

—   (vert jaune) D, verre allemand.

              E, verre urane couleur claire.

              F, verre urane couleur très foncée

« Le cliché développé permet de constater que :

« 1º Les trois verres A, C, D sont les plus perméables aux rayons de Rœntgen, et cette perméabilité est très grande ;

« 2º Le cristal est réfractaire ;

« 3º Les deux échantillons verre urane se sont laissé traverser plus difficilement que les trois verres A, C, D ;

« 4º Le verre urane le plus foncé a été plus réfractaire que le verre urane de teinte claire.

« L'opacité du cristal s'explique facilement par la présence du plomb. Le peu de transparence des échantillons d'urane ne s'explique guère qu'en admettant la présence de matières étrangères, l'arsenic peut-être.

« On pourrait aussi trouver, dans ces résultats, une explication à cette remarque, qui a été faite, que les verres à fluorescence bleue ne donnent pas de rayons de Rœntgen ou en donnent peu (M. d'Arsonval, *Compte rendus de l'Académie des Sciences*, séance du 2 mars). Ce pourrait être la paroi qui s'opposerait au passage de ces rayons. *Le siège d'émission des rayons de Rœntgen serait alors à l'intérieur du tube (1).* »

Cependant, dans ces premières recherches, les

____

(1) V. Chabaud. — *Sur quelques échantillons de verre soumis à l'action des rayons X*, dans les *Comptes rendus hebdomadaires des séances de l'Académie des Sciences*, séance du 9 mars, 1896, p. 604.

expérimentateurs n'avaient guère eu en vue que de constater le fait brutal de la perméabilité des corps examinés, sans se soucier d'obtenir des mesures comparatives sur la façon dont s'effectuait le passage des rayons X au travers des divers milieux.

MM. Auguste et Louis Lumière, à qui l'on doit des expériences fort bien conduites sur l'absorption des radiations de Rœntgen par les couches de papier photographique sensible, se sont au contraire préoccupés de recueillir de semblables indications. Pour cela, ils exposèrent à l'action d'un tube de Crookes un paquet de 250 feuilles de papier sensible au gélatino-bromure d'argent. Au bout de dix minutes, ils purent constater que la cent cinquantième feuille présentait encore une impression.

La même expérience réalisée avec la seule lumière du jour ne permit guère d'impressionner durant le même temps plus de cinq feuilles de papier. Enfin, une série d'essais pratiqués avec du papier blanc non recouvert d'une émulsion de gélatino-bromure montra qu'il fallait environ 300 feuilles pour produire la même absorption que 150 feuilles de papier sensible, ce qui revient à dire que l'absorption des rayons X par la couche sensible de gélatino-bromure est la même que celle du papier lui servant de support.

Il est à remarquer que la couleur des substances ne parait avoir aucune influence sur leur transparence. M. Nodon, à cet égard, a fait des expériences très concluantes, expériences que MM. Lumière ont du reste précisées et complétées en constatant que des plaques au gélatino-bromure colorées et sensibilisées pour diverses régions du spectre, s'impressionnaient avec une même rapidité en présence des rayons X, sous la condition de présenter une même sensibilité à la lumière blanche.

Notons encore à ce propos que MM. Bleunard et Labesse, ont eux aussi observé que les substances colorantes n'apportaient aucun trouble au passage des rayons, et que M.H. Dufour (de Lausanne) ayant imaginé de photographier suivant la méthode de M. Rœntgen une petite auge à parois parallèles incomplètement remplie de sang obtint un cliché ne montrant « qu'une différence d'intensité à peine sensible entre la partie vide et celle qui était occupée par le liquide. »

Quoiqu'il en soit, si la nuance des corps ne change en rien leurs qualités de transparence, il n'en est, en revanche, plus de même quand il s'agit de leur nature chimique.

La note suivante adressée par M.Meslans à l'Académie des sciences, est concluante à cet égard :

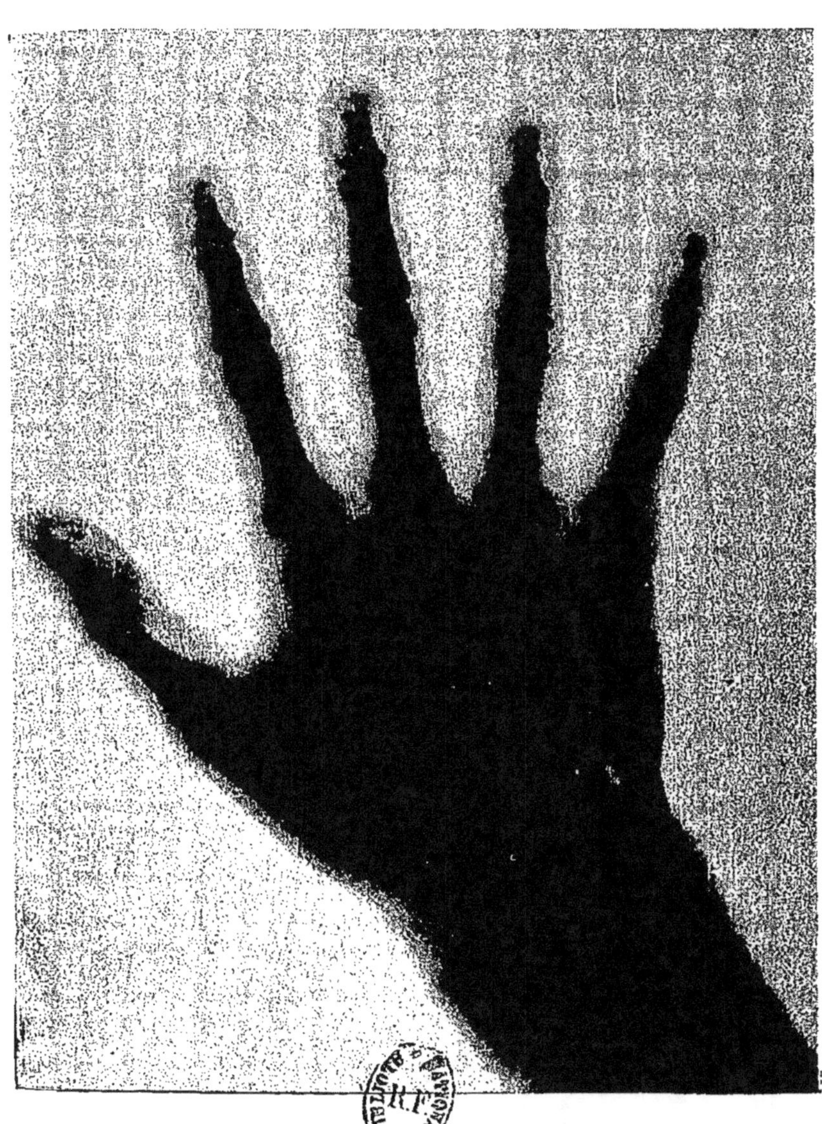

Planche 13. — Main photographiée par les Rayons X.

(Epreuve de M. A Londe.)

« Le diamant, le graphite, l'anthracite, le charbon de sucre (corps très transparents) donnent une image faible, d'une tonalité semblable à celle du bois ou de la paraffine sous une égale épaisseur, alors que le soufre, le sélénium, le phosphore, l'iode offrent des images très vigoureuses qui dénotent une grande opacité.

« Les matières organiques, éthers, acides, corps azotés se laissent aisément traverser par les rayons X et donnent une image à peine visible. Mais l'introduction dans la molécule organique d'un élément minéral, tel que l'iode, le chlore, le fluor, le soufre, le phosphore, etc., donne à celle-ci une très grande opacité. Les sulfates d'alcaloïdes sont dans ce cas. De même, l'iodoforme est très opaque, alors que les alcaloïdes, l'acide picrique, la fuchsine, l'urée sont très transparents. Le fluorure de phtalyle est beaucoup plus opaque que l'acide phtalique, bien que ces deux corps aient un poids moléculaire très voisin. (1)

« Les sels métalliques jouissent d'une grande opacité, mais qui varie avec le métal et avec l'acide (2). »

(1) Des recherches entreprises par MM. Ackroyd et Knowles ont montré à ces physiciens que la perméabilité des divers corps aux rayons X dépendait du poids atomique ou moléculaire. L'opacité, ont-ils en effet reconnu, croît avec le poids moléculaire. (*Société de Physique de Londres*, séance du 20 mars 1896.)

Dans ses premières recherches, M. Rœntgen, du reste, constata que l'opacité augmentait avec la densité.

(2) Maurice Meslans. — *Influence de la nature chimique*

MM. Bleunard et Labesse qui ont étudié spécialement la façon dont s'opérait le passage des rayons X à travers les liquides ont fait des remarques analogues. C'est ainsi que ces observateurs ont constaté, que l'eau était très transparente et que « les solutions de bromure de potassium, de chlorure d'antimoine, de bichromate de potasse offrent une résistance assez considérable au passage des rayons Rœntgen, alors que les solutions de borate de soude, de permanganate de potasse se laissent plus facilement traverser. » D'une façon générale, enfin, ont observé MM. Bleunard et Labesse, « l'opacité des corps semble croître avec les poids atomiques (pour les solutions salines) du métal et du métalloïde. » (1)

La question de la transparence des diverses substances pour les rayons X, comme l'on voit, a vivement préoccupé les expérimentateurs, et cela fort naturellement, du reste, les applications pra-

des corps sur leur transparence aux rayons de Rœntgen, dans les *Comptes rendus hebdomadaires des séances de l'Académie des Sciences*, séance du 10 février 1896, p. 310.

(1) Bleunard et Labesse. — *Sur le pouvoir de résistance, au passage des rayons Rœntgen, de quelques liquides et de quelques substances solides*, dans les *Comptes rendus hebdomadaires des Séances de l'Académie des Sciences*, séance du 23 mars 1896, p. 725.

tiques de la découverte de M. Rœntgen en découlant toutes directement.

Cette circonstance, cependant, n'a point écarté les recherches intéressant plus spécialement la physique pure.

Et il en est si bien ainsi que de nombreux travaux sont actuellement encore poursuivis en divers laboratoires, à seule fin d'étudier en toute précision quelle influence exercent les rayons X sur les corps électrisés.

Tout d'abord MM. L. Benoist et D. Hurmuzescu et M. A. Righi, constatèrent que les radiations de Rœntgen agissant sur des corps électrisés leur faisaient perdre leur charge rapidement surtout si celle-ci se trouvait négative, et M. Swyngedauw signala les rayons X comme provoquant un abaissement des potentiels explosifs statiques et dynamiques. Ces derniers faits relevés encore par MM. J.-J. Borgman et A.-L. Gerchun, de l'Université de Saint-Pétersbourg, dans une lettre adressée en date du 11 février au secrétaire perpétuel de l'Académie des Sciences, sembleraient démontrer que les rayons de Rœntgen, doivent être rapprochés des rayons ultra-violets qui possèdent justement de semblables qualités.

« Ces analogies des rayons de Rœntgen, avec les rayons ultra-violets, écrit même, à ce propos,

M. Niewenglowski, dans la *Science française* (1), permettent de supposer qu'ils doivent occuper dans le spectre une position intermédiaire aux ondes lumineuses et aux ondes électriques ; ils ne sont qu'un nouveau mode de l'énergie qui, bien qu'elle soit susceptible de nous apparaître sous une infinité d'aspects, procède au fond d'une puissance unique, l'énergie dynamique dont le son, la chaleur, la lumière, l'électricité, le courant nerveux, etc., ne sont que des manifestations diverses dans des périodes vibratoires plus ou moins rapides. »

Cette opinion, cependant, semble ne devoir être admise que sous les plus expresses réserves.

Il est à remarquer, en effet, ainsi que M. J.-J. Thomson, membre de la Société royale de Londres et l'un des physiciens les plus autorisés d'Angleterre le démontrait tout récemment, que la déperdition d'électricité provoquée par les rayons X diffère de celle occasionnée par la lumière ultra-violette par plusieurs traits essentiels :

« La lumière ultra-violette ne produit que la déperdition de l'électricité négative, tandis que les rayons Rœntgen agissent également sur les deux électricités. De plus, l'effet de la lumière ultra-vio-

(1) Niewenglowski. — *Rayons ultra violets et rayons X*, dans *la Science française*, n° 58 du 6 mars 1896.

lette n'est considérable que quand le corps électrisé est un métal fortement électro-positif présentant une surface propre. Au contraire, les effets des rayons de Rœntgen sont très marqués quel que soit le métal (1) et se produisent quand la lame électrisée est plongée dans des isolants solides ou liquides, aussi bien que quand elle est plongée dans l'air (2). »

En réalité, d'après M. J.-J. Thomson, si les rayons X présentent la particularité de décharger

(1) De nouvelles recherches de MM. L. Benoist et D. Hurmuzescu, viennent de préciser les conditions dans lesquelles s'opère la désélectrisation des divers corps, en particulier des métaux, par les rayons X. Celle-ci, en effet, n'est point la même pour tous, mais varie avec la nature du métal exposé.

« L'aptitude des différents métaux à utiliser l'énergie des rayons X pour la dissipation de l'électricité varie nettement en sens inverse de leur transparence pour ces rayons, (l'aluminium très transparent aux rayons X se déchargeant moins vite que le platine très opaque). Cette aptitude représente donc *une sorte de pouvoir absorbant*, comparable à celui des corps plus ou moins opaques pour les radiations lumineuses et calorifiques.

« De plus ce pouvoir absorbant a son siège dans la couche superficielle du métal lui-même, car il augmente nettement avec l'épaisseur du métal, quand cette épaisseur est encore très faible ». (Benoist et Hurmuzescu, dans les *Comptes rendus hebdomadaires des Séances de l'Académie des Sciences.*) séance du 30 mars 1896, p. 781

(2) J.-J. Thomson. — *Décharge de l'électricité produite par les rayons de Rœntgen*, dans l'*Éclairage électrique,* nº 10 du 7 mars 1896, p. 455.

les corps électrisés, ce n'est nullement parce qu'ils sont formés de radiations ultra-violettes ou toutes voisines de celles-ci, mais simplement parce qu'ils rendent conductrices à l'électricité durant le temps de leur passage toutes les substances qu'ils viennent à traverser.

Comme l'on en peut juger par ce rapide résumé des recherches opérées en ces derniers temps sur les propriétés des rayons X, celles-ci sont nombreuses et déjà assez bien définies.

Un avenir prochain, au surplus, ne saurait manquer de les préciser davantage, en attendant qu'il ne nous fixe définitivement sur leur origine exacte et par suite sur leur nature réelle.

CHAPITRE VI

LA FLUORESCENCE ET LES RAYONS X

Une hypothèse de M. H. Poincarré. — Les expériences de
M. Charles Henry. — Les radiations émises par le sulfure
de zinc phosphorescent. — Comment se comportent ces
radiations. — Elles traversent les corps opaques comme
les rayons X. — Influence des divers corps phosphorescents. — Les recherches de M. Troost. — Possibilité
de photographier au travers les corps opaques au
moyen des seuls corps phosphorescents. — Avantages
de la méthode préconisée par M. Troost. — La fluorescence des ampoules de Crookes. — Relation entre
l'activité de la fluorescence et l'action des rayons X. —
La lumière physiologique et l'impression des plaques
photographiques. — Une découverte de M. Becquerel.
— Les radiations obscures actives des corps phosphorescents.

Au cours de son magistral article, « Les rayons
cathodiques et les rayons Rœntgen », publié dans
la *Revue générale des sciences pures et appliquées*, M. H. Poincarré, examinant la question de
l'origine des rayons X, écrivait les lignes suivantes:

Ainsi, c'est le verre qui émet les rayons Rœntgen, et il les émet en devenant fluorescent. Ne
peut-on alors se demander si tous les corps dont

la fluorescence est suffisamment intense n'émettent
pas, outre les rayons lumineux, des rayons X de
Rœntgen, *quelle que soit la cause de leur fluorescence?* Les phénomènes ne seraient plus alors liés à
une cause électrique. Cela n'est pas très probable,
mais cela est possible, et sans doute assez facile à
vérifier (1). »

Des expériences décisives de M. Charles Henry
devaient montrer bientôt la justesse de cette hypothèse que M. Poincarré, cependant, ne considérait
guère dès l'abord comme probable.

Mais, voici la chose.

M. Charles Henry, à qui l'on doit la recette
d'une préparation permettant d'obtenir un sulfure
de zinc phosphorescent quand il a été impressionné par la lumière du jour ou par tout autre
clarté artificielle, eut idée de rechercher si les
radiations émises par ce sulfure n'exerceraient
point une influence quelconque sur les phénomènes produits par les rayons X. Pour cela, il entreprit les essais suivants dont nous empruntons la
description à la note présentée par lui à l'Académie des sciences sur le résultat de ses recherches.

(1) H. Poincarré. — *Les rayons cathodiques et les rayons
Rœntgen,* dans la *Revue générale des Sciences pures et
appliquées,* n° 2 du 30 janvier 1896, p. 56, col. 2.

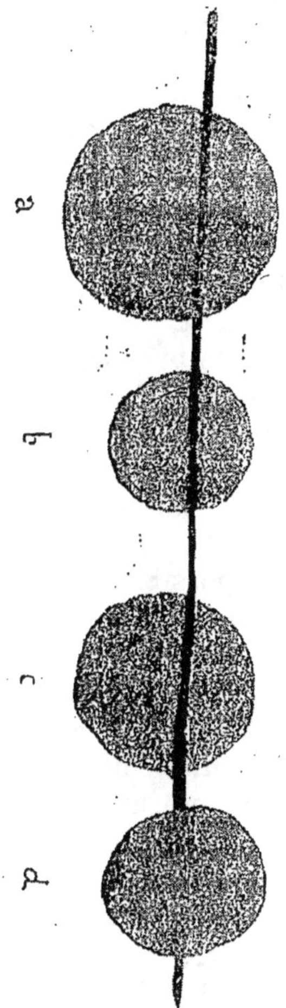

Fig. 20. — Expérience
M. Charles Henry.
a. pièce de 5 francs.
b. pièce de 0 fr. 05.
c. pièce de 0 fr. 10.
d. pièce de 0 fr. 05.

« Dans une première expérience, j'ai photographié deux doigts : l'index et le médius, l'index ayant été enduit de vaseline sulfurée ; on constate que toute la portion de la plaque qui entoure l'ombre de l'index est plus noire que le reste.

« Dans une seconde expérience, j'ai placé sur la plaque photographique, enveloppée de papier aiguille, un fil de fer, et à la suite les unes des autres, de gauche à droite, une pièce de 0 fr. 05 intacte, une pièce de 0 fr. 10 enduite de sulfure sur sa face antérieure, une pièce de 0 fr. 05 enduite de sulfure sur sa face postérieure, une pièce de 5 francs en argent enduite de sulfure sur la plus grande portion de sa face antérieure, enfin une petite cuve d'optique, cylindrique, divisée en deux compartiments et renfermant, dans le compartiment de droite, une solution de sulfate de quinine. La plaque, développée et fixée après

quarante-cinq minutes de pose, donne une ombre
très nette du fil de fer derrière le pièce de 0 fr. 10
enduite de sulfure sur sa face antérieure, une ombre un peu moins nette derrière la pièce de 0 fr. 05
enduite de sulfure sur sa face postérieure (l'ombre
de cette pièce ressortant plus en clair que les
autres), une ombre moins nette également derrière
la portion de la pièce de 5 francs enduite de sulfure
(l'argent étant d'ailleurs, comme on sait, toutes
conditions égales, plus transparent que le bronze) ;
au contraire, il n'apparaît aucune ombre du fil
derrière le sou resté intact et derrière la portion de
la pièce de 5 francs non recouverte de sulfure.
Le sulfate de quinine n'exerce aucune influence
sensible (fig. 20).

« Cette expérience prouve qu'il est possible, *en
enduisant de sulfure de zinc phosphorescent des
corps absorbants pour les rayons Rœntgen de
rendre visibles sur la plaque photographique des
objets situés derrière ces corps et invisibles autrement.* Le sulfure de zinc fait l'effet d'une source
actinique supplémentaire ; il transforme en rayons
photographiques des rayons Rœntgen inertes à ce
point de vue : nouvelle preuve de la complexité
des radiations émises par l'ampoule de Crookes (1). »

Enfin, complétant ses recherches, M. Ch. Henry

(1) Charles Henry. — *Augmentation du rendement photographique des rayons Rœntgen par le sulfure de zinc
phophorescent* dans les *Comptes rendus hebdomadaires des
séances de l'Académie des Sciences,* séance du 10 février
1896, p. 313.

imagina de se passer complètement des radiations X et tenta d'impressionner une plaque
sensible au travers des corps opaques à l'aide
seule des rayons émis par son sulfure phosphorescent préalablement excité par la lumière du
jour ou celle d'un ruban de magnésium enflammé.
Comme il pouvait l'espérer en présence des résultats obtenus dans ses premiers esssais, cette
nouvelle expérience lui démontra la parfaite transparence des corps les plus homogènes pour les radia
tions émises par le sulfure de zinc phosphorescent.

Dès lors, la voie était ouverte à un champ
nouveau d'investigations.

Il était présumable, en effet, et M. Charles Henry
l'avait lui-même indiqué dans sa note, que le
sulfure de zinc n'était point le seul corps à posséder une si intéressante qualité, mais qu'il devait
au contraire la partager avec un certain nombre
d'autres produits. Une expérience de M. Niewenglowski vint bientôt démontrer que le sulfure de
calcium insolé émettait lui aussi des radiations
comparables à celles du sulfure de zinc et n'étant
pas plus arrêtées que celles-ci par les milieux
opaques ; puis, de nouveaux essais dus à M. Becquerel établirent nettement que nombre d'autres
substances, et en particulier les sels d'urane,
possédaient de pareilles facultés.

Ces radiations dues à la phosphorescence, et qui jouissent, à l'exemple des rayons X, de la faculté de traverser les corps, sont même à l'occasion émises en si grande abondance que M. Troost, dans son laboratoire de la Sorbonne, a pu les utiliser pour photographier des objets dissimulés à l'intérieur d'une boite close de carton noir (*planche 11*), et qu'il estime que les praticiens pourront en certains cas, pour impressionner la plaque photographique, remplacer avec grand avantage les tubes de Crookes et tout l'appareil qu'ils nécessitent par de simples petites boites de métal fermées par une lame de verre et contenant une certaine quantité de cristaux de « blende hexagonale artificielle » préparée suivant la méthode indiquée en 1861 par lui et M. Henri Sainte-Claire Deville. Dans la pratique médicale, en particulier, cette façon de faire pourrait rendre les plus grands services, tant à cause de son économie qu'en raison de la commodité qu'elle procurerait aux malades, une fois l'appareil disposé sur un membre, par exemple, et dûment fixé par un bandage convenable, de circuler à leur guise durant tout le temps de la pose (1).

(1) L'inconvénient du procédé est que le sulfure de zinc phosphorescent ne conserve pas son activité. M. Troost a en effet constaté qu'un échantillon qui dès l'abord don-

Cependant, en même temps que MM. Niewen-glowski, Becquerel, Troost, etc., mettaient ainsi en évidence les propriétés des radiations émises par les substances phosphorescentes, d'autres expérimentateurs poursuivant leurs recherches à l'aide des tubes de Crookes faisaient des constatations conduisant aux mêmes conclusions en ce qui concerne les qualités particulières à ces radiations.

Ainsi, M. Georges Meslin remarquait que plus la fluorescence du tube de Crookes était active, plus rapide se montrait l'action des rayons X, et M. Piltchikoff reconnaissait semblablement que l'on pouvait abaisser considérablement — jusqu'à trente secondes seulement — le temps de pose, à la condition de remplacer l'ampoule de verre des tubes de Crookes ordinaires par une substance plus fluorescente.

Comme on le voit d'après ces exemples, il semble très probable que toutes les lumières phosphorescentes émettent des radiations de qualités comparables à celles des rayons X. Que si la *lumière physiologique*, c'est à dire celle que

nait de bonnes épreuves, en a produit ensuite de plus en plus pâles, et a fini par ne plus rien produire. M. H. Becquerel a fait une observation analogue en ce qui concerne le sulfure de calcium phosphorescent.

4

produisent certains êtres organisés, végétaux ou animaux, se comporte pareillement, comme il parait très vraisemblable, le phénomène serait absolument général !

Aussi bien, logiquement il apparait si probable qu'il en doive être de la sorte que sans attendre aucune vérification, et devançant toutes les expériences, M. d'Arsonval déclarait dernièrement tout net à l'Académie des Sciences « que *tous les corps qui émettent des radiations fluorescentes de couleur jaune verdâtre peuvent impressionner la plaque photographique à travers les corps opaques* ». (1)

Si cette dernière hypothèse est exacte, ainsi que le faisait encore observer M. d'Arsonval, il deviendrait alors facile d'expliquer le rôle des rayons cathodiques dans les expériences de Rœntgen; ce role alors serait tout bonnement « d'exciter la fluorescence du verre spécial composant l'ampoule de Crookes ».

Cependant, il ne semble pas que le phénomène soit toujours aussi simple. Les substances phosphorescentes, en effet, a découvert M. Becquerel, n'émettent pas seulement des radiations durant le

______

(1) *Comptes rendus hebdomadaires des Séances de l'Académie des Sciences*, séance du 2 mars 1896, p. 501.

temps où elles répandent des lueurs, mais aussi quand depuis longtemps elles ont cessé de briller. Ainsi, a-t-il constaté, après un séjour de plus de deux semaines dans une obscurité complète, les radiations invisibles emmagasinées par des sels d'uranium dont la fluorescence s'éteint au bout d'un centième de seconde, étaient encore fort énergiques.

Même, certains corps, les sels d'uranium en particulier, émettent de ces radiations invisibles, sans qu'il soit pour cela nécessaire qu'ils soient le moins du monde phosphorescents. Tel est le cas, par exemple, pour les sels uraneux et aussi pour la solution de nitrate d'urane qui n'est point cependant fluorescente. Il est encore à noter que le nitrate d'urane fondu et ayant cristallisé à l'obscurité est aussi actif que les cristaux du même sel exposé à la lumière. (Becquerel).

Or, ces radiations invisibles traversent parfaitement les corps opaques et impressionnent la plaque sensible, tout comme les rayons X. (1) Bien

---

(1) Dans la réalité des choses, les radiations émises par les corps phosphorescents traversent les corps opaques beaucoup plus facilement que ne le font les rayons X; ainsi, au contraire des rayons X, les radiations de phosphorescence ne sont pas arrêtées par des lames métalliques de platine, de cuivre, par des plaques minces de quartz, etc.

plus, à la façon de ces rayons et à celle aussi des rayons ultra violets du spectre, elles provoquent a décharge des corps électrisés.

La seule différence essentielle qu'elles présentent avec les radiations de Rœntgen est, M. Becquerel l'a établi par d'ingénieuses expériences qu'elle obéissent aux lois de la réflexion et de la réfraction et aussi à celles de la polarisation.

L'indice de réfraction de ces radiations parait du reste être assez faible ; quant à la réflexion, elle est parfaitement accusée, à tel point que l'auteur de ces recherches a pu constater à l'intérieur du verre de ses appareils le phénomène de la réflexion totale.

Enfin, M. Becquerel a encore reconnu que pour des distances très faibles, ne dépassant pas un millimètre, l'air ne paraissait pas absorber de façon notable ces radiations invisibles. Pour des distances plus grandes, l'intensité des images obtenues disparait au contraire rapidement.

De même, il est facile de constater au moyen de l'électroscope qu'elles agissent plus rapidement sur les corps électrisés.

CHAPITRE VII

LA TECHNIQUE DES RAYONS X

L'outillage nécessaire pour la photographie au travers des corps opaques. — Importance du mode opératoire. — Du choix du tube de Crookes. — Les qualités que doit posséder un tube de Crookes. — Comment on peut éviter de perdre les ampoules de Crookes. — Production des rayons X avec une lampe à incandescence. — Comment doit être placé l'objet à photographier. — Une invention de M. Roger. — Pour obtenir des images nettes. — Utilité des diaphragmes. — L'éloignement du tube de Crookes est avantageux à la netteté des images. — Comment on peut diminuer le temps de pose. — L'artifice proposé par M. Ch. Henry. — Une lettre de M. Ch. Zenger. — Augmentation de la fluorescence des ampoules. — Avantages de cette pratique. — Importance de faire usage de plaques très sensibles. — La reproduction des corps arrêtant les rayons X de façon complète. — Le procédé de M. Carpentier. — Images stéréoscopiques obtenues à l'aide des rayons X.

Dans un précédent chapitre, nous avons indiqué sommairement le mode opératoire permettant de reproduire l'expérience de M. Rœntgen.

Le temps est venu, à présent, où nous devons préciser ces indications et faire connaitre en détail la technique exacte de la photographie au travers des corps opaques à l'aide des rayons X.

L'outillage nécessaire, ainsi que l'on sait, est peu compliqué, comprenant uniquement en fait d'appareils un tube de Crookes et, pour exciter celui-ci, une bobine de Ruhmkorff actionnée par des piles ou des accumulateurs.

Quant à la disposition de l'expérience, elle est particulièrement simple. La plaque sensible, enfermée dans une enveloppe imperméable à la lumière ordinaire, est exposée aux radiations du tube de Crookes, l'objet à photographier se trouvant disposé dans l'espace compris entre le tube et la plaque.

Cependant, si en théorie l'installation de l'expérience ne comporte aucune difficulté, dans la pratique, il n'en est plus tout à fait de même et les résultats obtenus varient considérablement suivant la façon dont les choses ont été faites.

En l'espèce, en effet, interviennent un certain nombre de causes.

Tout d'abord, il y a la question même du tube de Crookes.

La forme de cet appareil, qui consiste, comme l'on sait, en une ampoule de verre dans laquelle l'air a été raréfié à l'extrême, (1), n'est point en effet indifférente, et, à l'occasion, suivant les circonstances, il pourra convenir de choisir des tubes construits de façon particulière.

D'une façon générale, cependant, il importe de noter que M. Rœntgen emploie pour ses expériences un tube en forme de poire (2).

M. Seguy, qui l'un des premiers en France a répété les expériences du savant professeur de Wurtzbourg, recommande les tubes en boule à électrodes filiformes.

En tous cas, quelle que soit leur disposition, il est indispensable qu'ils conservent parfaitement le vide. Cette nécessité est d'ailleurs assez fréquemment une cause de mécomptes, et cela justement parce qu'il arrive parfois qu'au cours de l'expérience le métal des électrodes abandonne une bulle gazeuse occluse dans sa masse, ou plus sim-

(1) D'après M. Silvanus-P. Thomson, la raréfaction, pour que l'on obtienne une intensité maximum des rayons X, doit être poussée à une certaine limite déterminée, qui est dans la pratique un peu plus basse que celle du point où l'étincelle traverse le milieu raréfié avec une commodité optima. (*Comptes rendus hebdomadaires des Séances de l'Académie des Sciences*, séance du 7 avril 1896).

(2) De tels tubes, d'après les catalogues des fabricants d'instruments de physique, valent 28 francs. (Voir notamment le prix courant de la maison Ducretet.)

plement encore parce que l'ampoule de verre,
échauffée considérablement au point où les rayons

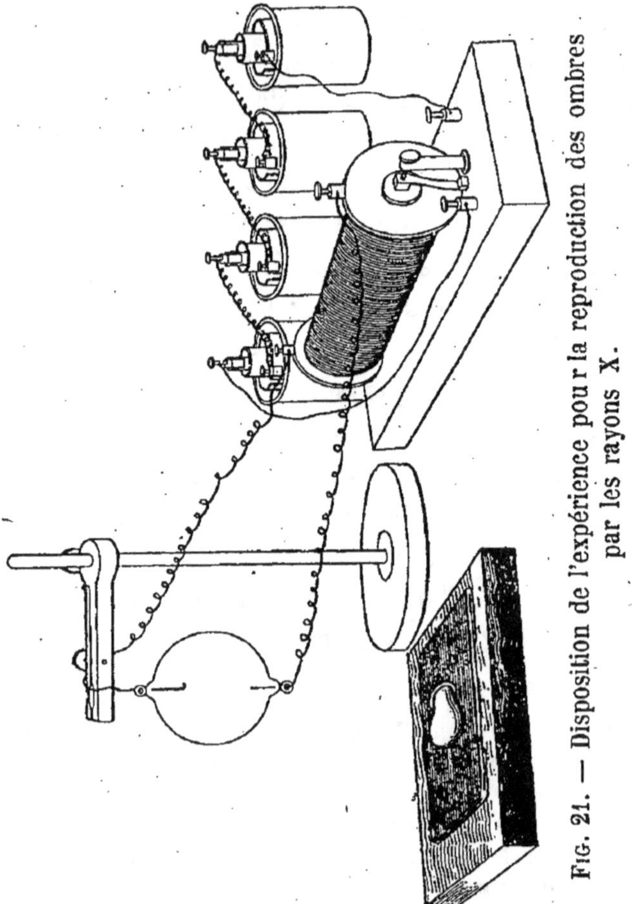

Fig. 21. — Disposition de l'expérience pour la reproduction des ombres par les rayons X.

cathodiques viennent la frapper, se perce de petits
trous.

A seule fin d'éviter ce dernier accident, qui survient surtout lorsque l'on emploie des courants intenses, M. d'Arsonval a imaginé « de plonger cette partie de l'ampoule dans une capsule en celluloïd remplie d'eau. Le tout est très transparent pour les rayons X. En employant la haute fréquence et une ampoule très allongée, a encore remarqué le savant professeur au collège de France, on n'a plus besoin d'électrodes : la capsule pleine d'eau sert d'électrode inférieure; on constitue l'électrode supérieure en coiffant le haut de l'ampoule d'un manchon de coutchouc également rempli d'eau. Dans ces conditions, l'ampoule ne contenant plus aucun corps métallique, ses parois ne se colorent pas et l'on peut pousser le courant sans aucun risque. Par ces dispositions, on arrive facilement à préserver l'appareil et à décupler sa puissance. » (1)

Ainsi que nous l'indique cette note de M. d'Arsonval, pour exciter le tube de Crookes, il n'est en effet pas indispensable de recourir à la bobine de Ruhmkorff, (2) mais on peut encore utiliser les courants de Tesla (M. Joubin), ou l'étincelle four-

----

(1) *Comptes rendus hebdomadaires des Séances de l'Académie des Sciences*, séance du 9 mars 1896, p. 607.

(2) Celle-ci, quand elle est employée, doit donner des étincelles mesurant à l'air libre de 7 à 10 centimètres au minimum.

nie par une machine électrostatique. Même, a reconnu M. Violle, pour obtenir la production de rayons X, il n'est point nécessaire de posséder un tube de Crookes; il suffit d'une simple lampe à incandescence, dans laquelle la décharge est produite à l'aide d'électrodes extérieures. Alors « la cathode est constituée par une feuille d'étain qui enveloppe la base de la lampe, l'anode est une bande fixée sur l'équateur de l'ampoule » (1)

Quant à l'objet à photographier, il doit être disposé le plus proche possible de la plaque sensible, sans la toucher, cependant, de façon à ne pas risquer d'impressionner la dite plaque par contact mécanique. On sait en effet qu'il suffit d'exercer une pression sur la gélatine sensibilisée pour, au développement, constater une réduction des sels d'argent.

A seule fin de faciliter l'opération, M. Roger, attaché à la maison Ducretet, a imaginé un dispositif particulièmennt simple consistant à séparer dans le chassis d'exposition la plaque sensible de l'objet à reproduire par une lame mince d'aluminium.

Pour l'ampoule de Crookes, ainsi que l'ont reconnu MM. Londe et Zenger, elle doit être

(1) *L'Eclairage électrique,* n° 7 du 15 février 1896, p. 317 col. 2.

reculée le plus possible — dans la pratique de $0^m 30$ à $0^m 45$ — de l'objet, et cela afin d'assurer la netteté de l'impression. Il en est ainsi parce que l'image obtenue n'étant qu'une ombre l'on diminue de la sorte l'étendue de la pénombre. « Cette remarque a surtout son importance lorsqu'il s'agit de reproduire des modèles de dimensions relativement grandes. »

Cette préoccupation d'obtenir des images d'une parfaite netteté a conduit MM. Imbert, professeur et Bertin-Sans, chef des travaux de physique à la Faculté de Médecine de Montpellier, à faire usage de diaphragmes en métal ou en verre épais qu'ils interposent entre la plaque et le tube, de façon à arrêter tous les rayons X autres que ceux arrivant normalement sur les objets à reproduire.

Cependant, si ces diverses dispositions indiquées par MM. Londe, Imbert et Bertin-Sans sont favorables à l'obtention d'images particulièrement nettes, elles ont en revanche pour résultat immédiat de nécessiter un accroissement considérable de la pose.

N'y avait-il pas possibilité d'abréger le temps nécessaire à la production de l'impression de la plaque sensible ?

Une première indication utile en ce sens fut donnée par M. Rœntgen qui signala l'avantage,

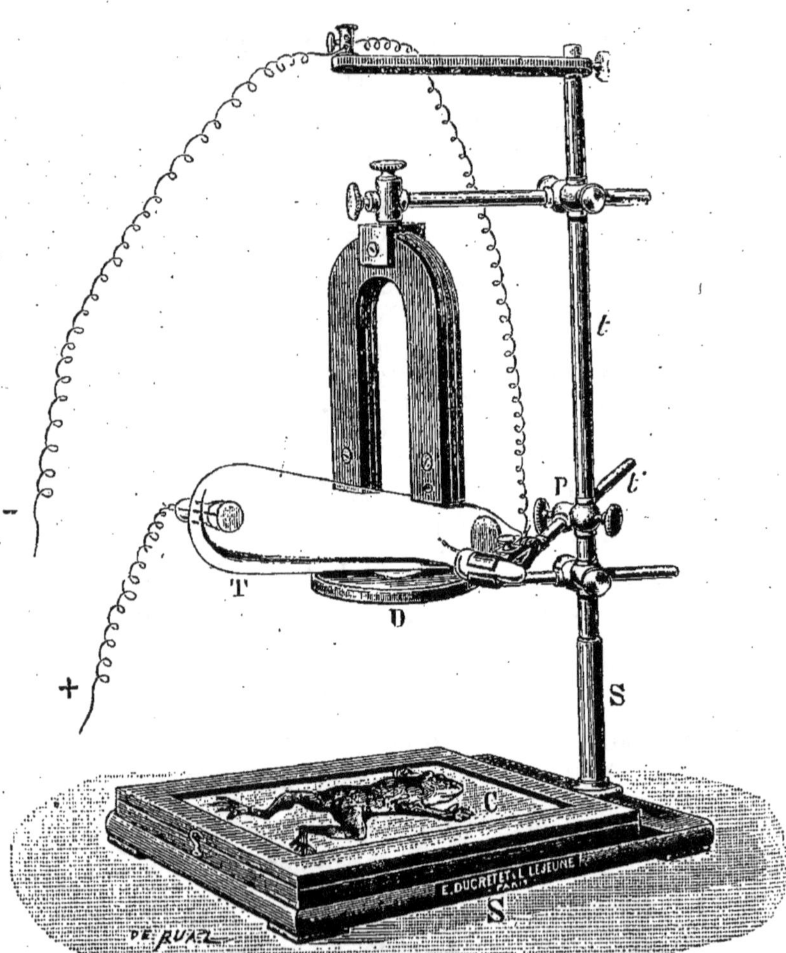

Fig. 22. — Appareil à diaphragme construit par M. Ducretet, pour l'obtention des épreuves par les rayons X.
T, ampoule de Crookes surmontée d'un aimant; D,
diaphragme; C, chassis renfermant la plaque photographique.

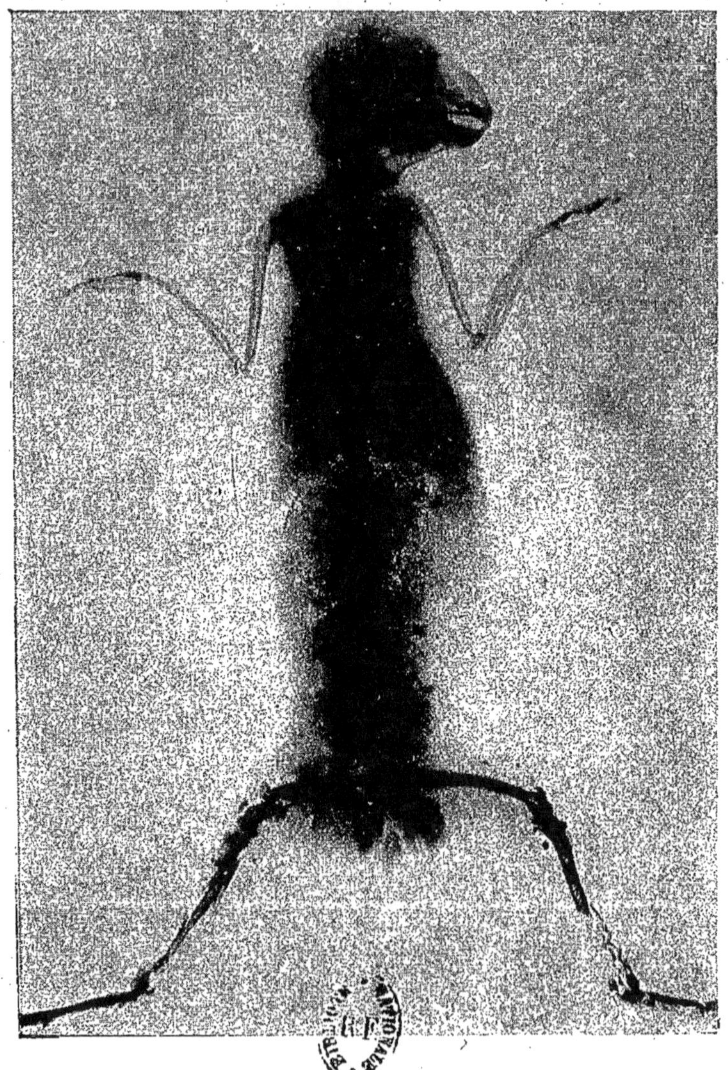

Planche 14. — Lapin tué d'un coup de fusil, photographié par les Rayons X. (Epreuves de M. A. Londe).

Planche 15. — Arrière-train d'un lapin tué d'un coup de fusil. L'épreuve montre les fractures des os et jusqu'aux grains de plomb égarés dans les chairs. (Épreuve de M. A. Londe).

dans le cas où l'on fait usage de pellicules photographiques infiniment plus commodes que les
plaques pour l'obtention de certaines images, de
placer immédiatement au contact de leur face
dorsale une feuille de zinc. Mais, ce procédé ne
peut rendre des services que dans des circonstances assez limitées.

D'un emploi plus pratique assurément est la
recommandation de M. Charles Henry de recouvrir
d'une couche de sulfure de zinc phosphorescent
les corps à photographier, et cela justement parce
que ce produit, ainsi que nous l'avons vu précédemment, présente cette particularité commune à
tous les corps phosphorescents (V. p. 110) de
dégager des radiations capables par elles-mêmes
d'impressionner les plaques sensibles et qui, par
suite, viennent ajouter leur action à celle des
rayons X produits par le tube de Crookes. (1) M. Zenger, de Prague, a du reste fait une observation

(1) Cette indication a été mise à profit avec succès par
M. Basilewski qui, en interposant entre la plaque sensible et
l'objet à photographier une feuille de papier enduite de
platino-cyanure de baryum, a obtenu en dix minutes de
pose seulement le squelette de la main, et, en trois minutes une épreuve très nette montrant des pièces de monnaie et un crayon porte-mine. L'emploi du bisulfate de
quinine a donné à M. Basilewski d'analogues résultats,
après une pose davantage prolongée, par exemple. (*Comp-*

analogue, comme il ressort du passage suivant d'une lettre adressée par lui le 17 février 1896 à M. le Secrétaire perpétuel de l'Académie des Sciences :

« On obtient une action plus rapide avec des plaques orthochromatiques à l'éosine, ou avec des plaques lavées avec une solution de sulfate de quinine ; toutes ces substances, qui peuvent transformer le mouvement électrique en mouvement ondulatoire, c'est-à-dire produire la fluorescence et la phosphorescence, contribuent beaucoup à la production des images. »

Au lieu de recourir comme MM. Ch. Henry et Zenger à l'intervention des corps phosphorescents, d'autres expérimentateurs ont imaginé d'augmenter la fluorescence de l'ampoule de Crookes.

A cet effet, M. Georges Meslin et MM. Imbert et Bertin-Sans, à l'aide d'aimants, déplacent à l'inté-

---

tes rendus des *Séances de l'Académie des Sciences*, séance du 25 mars. p. 720.)

L'emploi des substances fluorescentes, contrairement à ces observations, a donné à M. Meslin des résultats défavorables. Des essais entrepris par ce dernier expérimentateur, il résulterait, en effet, que les substances phosphorescentes, loin d'accélérer l'impression de la plaque photographique, la retarderaient de façon sensible. (*Comptes rendus hebdomadaires des séances de l'Académie des Sciences*, séance du 30 mars, p. 777.)

rieur du tube de Crookes (*Fig.* 22) le faisceau de rayons cathodiques qu'ils concentrent sur un point limité où se forme la tache de fluorescence particulièrement intense. D'après M. Meslin, cette façon de faire, présente de multiples avantages : « En premier lieu, dit-il à ce propos, on condense la tache active en face du diaphragme circulaire, de façon à faire passer la totalité des rayons primitivement disséminés sous la calotte de verre; on augmente donc l'intensité sans diminuer la netteté. En second lieu, on peut alors, dans les différentes expériences, utiliser successivement les diverses régions du tube : ce résultat a une certaine importance, car, lorsqu'on emploie toujours la même région, la tache qui était d'abord verte devient peu à peu jaunâtre, au fur et à mesure qu'il se forme un léger dépôt brun qui finit par rendre cette région inactive; on peut, au contraire, en déplaçant très peu l'électro-aimant, utiliser chaque fois une partie nouvelle (1) ».

En opérant de la sorte, M. Meslin a pu obtenir un bon cliché d'objets métalliques à travers cinq épaisseurs de papier noir, après une pose de quatre

(1) Georges Meslin. — *Sur la réduction du temps de pose dans les photographies de Rœntgen*, dans les *Comptes rendus hebdomadaires des Séances de l'Académie des Sciences*, séance du 23 mars 1896, p. 719.

secondes, et, en vingt-cinq secondes, la silhouette des os de la main « assez nettement pour qu'on y puisse voir la trace d'une fracture à la dernière phalange d'un doigt. » MM. Imbert et Bertin-Sans ont de même obtenu d'excellentes épreuves de mains en une, deux, trois et cinq minutes ; une grenouille fut même photographiée par ces derniers expérimentateurs en huit secondes exactement.

Ces temps si réduits ont encore d'ailleurs été diminués par **M.** James Chappuis qui a réussi à obtenir au moyen des rayons X l'impression à peu près instantanée, — en un quart de seconde exactement, — de ses plaques sensibles. Le procédé à suivre dans ce dernier cas consiste tout bonnement à réduire à quatre par seconde les décharges de la bobine. Par cette fréquence, en effet, l'action des rayons X serait la plus grande possible.

A noter aussi les résultats obtenus suivant une autre méthode par M. Piltchikoff.

Celui-ci, en employant un tube de Puluj notablement plus fluorescent que le tube de Crookes ordinaire, et en excitant ce tube par les courants de Tesla, a réussi à faire descendre le temps de pose d'abord à quelques minutes, puis à trente et enfin à deux secondes.

Enfin, une dernière circonstance fort importante

dans l'espèce a été signalée par M. Londe d'abord, et contrôlée ensuite par MM. Auguste et Louis Lumière. Ces expérimentateurs ont en effet reconnu que la nature des plaques employées jouait un rôle déterminant, les plus sensibles à la lumière ordinaire étant aussi les plus facilement actionnées par les rayons X, et cela exactement dans les mêmes limites (1).

Cependant, en dépit de l'ingéniosité des dispositifs imaginés par les divers expérimentateurs, certains objets, ceux absolument impénétrables, en raison de leur épaisseur, par exemple, aux rayons X, semblaient devoir échapper à la photographie par transparence.

Un artifice habilement combiné par M. J. Carpentier permet désormais d'en obtenir des reproductions fidèles tout comme s'ils se présentaient naturellement en condition favorable.

Le procédé consiste à prendre au moyen d'un coup de balancier, avec un métal transparent aux

(1) Au point de vue de la rapidité de l'impression des plaques sensibles, suivant l'indication de **MM.** Benoist et Hurmuzescu, il paraît devoir être avantageux d'employer les sels de platine au lieu des sels d'argent pour la préparation des plaques photographiques, les sels de platine étant plus absorbants pour les rayons X que ceux d'argent. (*Comptes rendus hebdomadaires des Séances de l'Académie des Sciences*, séance du 30 mars, p. 781).

rayons X, comme l'aluminium, une empreinte de l'objet à reproduire.

Le moulage ainsi obtenu et photographié par les radiations de Rœntgen donne une image représentant avec une fidélité parfaite les moindres détail du modèle. (*Planche* 12).

Ce dernier mode opératoire, pouvant à l'occasion rendre de signalés services, on reconnaîtra volontiers qu'il n'était point inutile d'en signaler l'invention.

Un autre progrès de véritable importance réalisé depuis peu a trait à l'obtention par les rayons X d'images stéréoscopiques. Point n'est besoin de beaucoup insister pour montrer l'intérêt de semblables épreuves.

Les images ordinaires de Rœntgen, en effet, n'étant que des ombres sur une surface plane, ne permettent pas de préciser les positions relatives que présentent les uns par rapport aux autres les divers objets photographiés. Cependant, il est manifeste que dans la pratique de semblables indications pourraient très fréquemment rendre de signalés services. Les chirurgiens, en particulier, trouveraient un avantage considérable à se voir en possession d'un moyen de déterminer avec exactitude, la place précise occupée par un corps étranger situé au sein des tissus.

Mais, c'est là justement une sorte de renseignement que les images stéréoscopiques sont tout spécialement propres à donner. L'obtention de semblables images, qui est, au reste, des plus simples, fut réalisée, pour la première fois, en Angleterre par M. Elihu Thomsom, dont les expériences remontent au début du mois de mars. Le procédé, mis en œuvre par ce savant « consiste simplement à exposer la plaque couverte de la façon ordinaire et de répéter l'expérience avec les mêmes objets après avoir déplacé le tube de Crookes relativement à sa position première. Les rayons traversent ainsi les objets dans deux directions un peu différentes et les ombres sont formées pour chaque direction. Les épreuves positives des négatifs ainsi obtenus sont disposées pour être employées dans le stéréoscope ». (1)

Dans ces conditions d'expérimentation, l'effet, parait-il, est curieux infiniment, chaque objet phothographié apparaissant alors à l'œil dans sa position respective. Au reste, il est à remarquer que l'on pourrait sans peine, par une légère modification de l'expérience, rendre directement visible à l'œil des images stéréoscopiques en relief. Pour

(1) D'après *The Electrician*, tome XXXVI. p. 661, 13 mars 1896, dans l'*Eclairage électrique* du 28 mars, page 605.

cela, ainsi que l'indique l'*Eclairage électrique*, « il n'y aurait qu'à faire usage de deux écrans fluorescents (ou même d'un seul écran) placés devant l'œil et de disposer dans le tube de Crookes, deux cathodes mises alternativement en rapport avec la source d'électricité avec une grande rapidité, tandis que deux petits volets seraient synchroniquement ouverts et fermés devant chaque œil respectivement ; un des yeux recevrait toujours l'impression donnée par les rayons de l'une des cathodes, tandis que l'autre œil recevrait toujours l'impression produite par les rayons de l'autre cathode ; il en résulterait ainsi une image stéréoscopique. » (1)

Cependant, en attendant que l'on ait réalisé de semblables dispositifs, divers expérimentateurs, en France, à l'exemple de M. Elihu Thomson, se sont préoccupés d'obtenir des épreuves stéréoscopiques.

Ces recherches entreprises par M. Imbert et Bertin Sans, et par MM. Abel Buguet et Albert Gascart, comme il était facile de le prévoir devant les résultats réalisés par le physicien anglais, ont toutes été couronnées d'un plein succès.

(1) L'*Eclairage électrique*, n°13 du 26 mars 1896, page 605, col. 2.

CHAPITRE VIII

LES APPLICATIONS DES RAYONS X

La Raison du succès obtenu par la découverte du professeur Rœntgen. — Enthousiasme des savants. — Les premières recherches de MM. Oudin, Barthelemy et Lannelongue. — Un article de M. L. Olivier dans la *Presse médicale.* — Vérification d'une hypothèse. — Les rayons X ne sont pas homogènes. — Une réclame de dentiste. — Les premières applications sérieuses. — Un article du Dr Henler. — Deux cas intéressants. — Importance du diaphragme pour l'obtention des bonnes images. — Le pied de la danseuse. — Les photographies de M. A. Londe. — La reconnaissance des pierres précieuses. — Comment on distingue un diamant véritable d'une fausse gemme. — Les rayons X et les bombes anarchistes. — L'invention de MM. Girard et Bordas. — Les livres truqués dévoilés par les rayons X. — Photographies instructives. — Le secret des lettres. — Un article du *Gaulois.* — Emploi des rayons X en astronomie. — Un moyen de contrôle. — Le cryptoscope du professeur Salvioni. — La lunette merveilleuse. — Que réserve l'avenir.

Dès le premier jour, il apparut évident pour tous, — et ce fut là justement, peut-être autant que l'attrait de son merveilleux, ce qui contribua à rendre la découverte du professeur Rœntgen si passionnante pour le public, — que la photographie au travers des corps opaques allait être l'occasion d'une série d'applications nouvelles des plus fécondes.

Dans la circonstance, en effet, les profanes, d'instinct, sentaient bien qu'il y avait là autre chose que de curieux phénomènes, et que des conséquences heureuses et considérables ne pouvaient manquer d'en être dégagées dans un avenir prochain.

Les savants les plus précis eux-mêmes, du reste, se montrèrent sans retard pleins d'espérance et d'enthousiasme à cet égard.

Comment, au surplus, aurait-il pu en être autrement quand l'on eut connaissance des résultats si remplis de promesses obtenus par MM. les docteurs Oudin et Barthélemy et par M. le professeur Lannelongue, qui, sans retard avaient entrepris des expériences sur l'application des rayons X au diagnostic chirurgical.

Ayant photographié suivant la méthode indiquée par M. Rœntgen des pièces anatomiques et des membres humains portant des lésions osseuses, ces savants, en effet, constatèrent nettement que ces lésions étaient révélées sur l'image.

En présence de semblables résultats, les éloges ne se firent point attendre, si bien que dès la fin de janvier, M. L. Olivier, docteur ès-sciences, dans un article publié dans la *Presse médicale*, célébrait dans les termes suivants les mérites de la méthode nouvelle :

Lorsque le 20 de ce mois M. Poincaré présenta à l'Académie des Sciences des photographies de ce genre, obtenues à l'aide des rayons de Rœntgen, par MM. les docteurs Oudin et Barthélemy, M. le professeur Lannelongue fit remarquer l'immense intérêt d'une telle découverte pour la chirurgie. Dès aujourd'hui, il est possible de s'en servir pour découvrir la présence et la position d'une balle de revolver dans les tissus, déceler des lésions osseuses, établir dans une ankylose, la part de l'os et des ligaments, dévoiler une ostéite, déterminer chez la femme enceinte la position du fœtus (1). Sans

(1) A l'Académie de Médecine, au cours de la séance du 24 mars 1896, M. le professeur Pinard a déposé sur le bureau, au nom de MM. Varnier, Chappuis, Chauvel et Funk-Brentano, quelques photographies bien venues d'un fœtus à terme dans l'intérieur d'un utérus retiré du corps d'une femme éclamptique.

Une autre photographie de ces mêmes auteurs, plus curieuse encore, montrait plusieurs fœtus dans un utérus de cobaye femelle vivante.

Dans la même séance, M. Fournier a présenté à ses collègues de l'Académie, de superbes épreuves obtenues par MM. les docteurs Oudin et Barthélémy, épreuves montrant avec une parfaite netteté les moindres tares osseuses d'un membre ou signalant la présence du plus léger corps étranger dans les tissus, et M. le professeur Périer, enfin, a présenté un cliché qui lui a permis de

doute aussi, le progrès de la méthode permettra
prochainement de photographier du dehors, par la
région abdominale ou le périnée, les calculs de la
vessie.

Tout porte à penser que ce ne sera pas là le dernier mot de cette espèce de magie. De même que
les divers rayons du spectre visible jouissent d'une
gamme de propriétés un peu différentes, ne sont
pas également réfléchis, également réfractés par les
mêmes corps, et subissent un peu différemment
l'action des divers milieux où ils se propagent, il
est probable qu'en disséquant le faisceau de Rœntgen et le cortège de rayons inconnus dont il fait
partie, on trouvera parmi eux des dissemblances,
les uns traversant mieux que leurs voisins un certain milieu et moins bien un autre, de sorte qu'une
sélection ménagée de ces radiations permettra de
photographier, à volonté, l'os, le muscle, le tendon,
l'aponévrose, le nerf, le cœur, le poumon, l'esto-
mac, le cerveau, en les montrant isolés des organes
qui les entourent.

constater chez un sujet, en dépit des assertions erronées
du blessé lui-même, la localisation exacte d'une balle de
révolver, enkylosée depuis près de deux ans, dans un os
de la main.

L'examen médical seul n'avait absolument rien révélé.

Depuis lors, M. Pierre Delbet a fait de même connaître
le cas d'un individu blessé à la main par une balle de
révolver. La photographie par les rayons X montra que
la balle, en venant heurter sur l'os du métacarpe, s'était
fragmentée en deux parts.

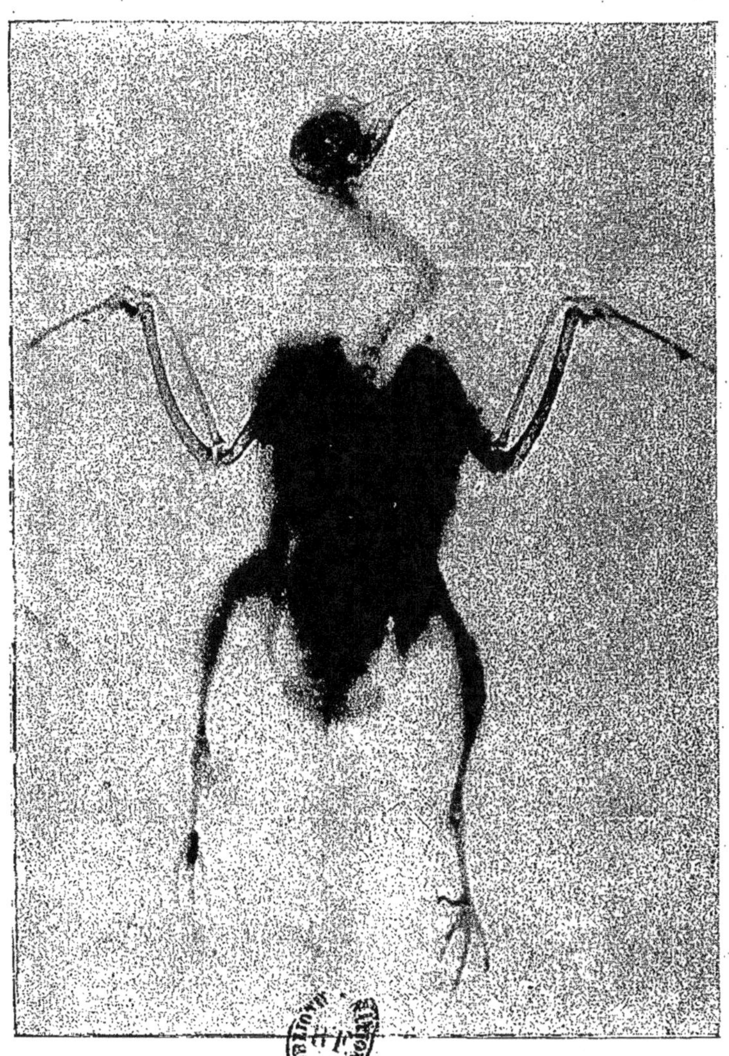

Planche 16. — Pigeon photographié par les Rayons X.

(Épreuve de M. A. Londe.)

Bien qu'un enthousiasme fort légitime semble ici avoir quelque peu emporté le savant directeur de la *Revue générale des sciences pures et appliquées*, l'on ne peut, cependant, douter un seul instant que tout au moins une bonne partie du programme par lui tracé se verra avant longtemps remplie en son entier.

Du reste, il est à remarquer, que l'hypothèse de M. Olivier relative à la séparation en ses éléments constituants du faisceau de Rœntgen vient de recevoir une première vérification. Depuis lors, en effet, MM. L. Benoist et D. Hurmuzescu ont découvert que les rayons X ne constituaient point un ensemble homogène, mais se trouvaient formés d'éléments divers de qualités différentes et encore indéterminées.

« Dès nos premières mesures du coefficient de transmission de l'aluminium, rapporté à l'épaisseur de $0^{mm}1$ et pour des plaques de ce même ordre d'épaisseur, nous avons trouvé des nombres toujours inférieurs à 0,9 et généralement voisins de 0,85.

« Or, une telle valeur serait absolument incompatible avec la transparence très sensible que le professeur Rœntgen a observée sur une plaque d'aluminium de 15^{mm} d'épaisseur, si ce coefficient de transmission devait être indépendant du tube de Crookes employé, et s'il ne devait pas augmenter avec l'épaisseur traversée, c'est-à-dire *si les rayons X n'éprouvaient pas de la part de l'aluminium une absorption sélective, témoignage de leur hétérogénéité*. En effet, on peut calculer que, si la valeur 0.85 était constante, la transparence totale d'une lame de 15mm serait représentée par 26×10^{-12}, c'est-à-dire absolument nulle pratiquement (1). »

Quoiqu'il en soit, les applications médico-chirurgicales des rayons X sont déjà des plus variées.

Sans parler de ce dentiste charlatan qui imagina, à titre de réclame, de faire annoncer dans les journaux à ses clients-gogos qu'il utilisait la recette de M. Rœntgen pour rechercher les dents cariées (!), il est bon de mentionner que de nombreuses utilisations de la méthode ont été dès à présent réalisées avec plein succès.

Ces rayons, en effet, déshabillent si bien le squelette des chairs qui l'entourent (2) qu'il était im-

(1) L. Benoist et D. Hurmuzescu. — *Nouvelles recherches sur les rayons X*, dans les *Comptes rendus hebdomadaires des Séances de l'Académie des Sciences*, séance du 17 février 1896, p. 380.

(2) Aussi bien, cette propriété est-elle quelquefois un réel inconvénient. Pour y parer, — et on y a réussi assez bien, nous apprend M. J. Blondin, dans un remarquable article sur *Les rayons de Rœntgen* publié dans l'*Éclairage électrique* du 15 février 1896, — on a imaginé d'augmenter l'opacité des tissus en injectant à leur intérieur des liquides absorbants pour les rayons X. C'est ainsi, note M. J. Blon-

possible qu'ils ne donnassent point de précieuses indications ou de nombreuses circonstances. (1)

L'expérience prouva que les prévisions des docteurs étaient parfaitement justifiées, et l'on ne tarda pas à apprendre que divers praticiens avaient réussi, à l'aide des rayons X, à établir avec précision certains diagnostics particulièrement délicats.

Ainsi, par leur usage, dès leurs premiers essais, MM. Lannelongue, Barthélemy et Oudin purent démontrer sur une main la trace d'une affection tuberculeuse de la première phalange du doigt médium, constater sur un fémur les ravages causés par l'ostéomyélite, et bientôt ces mêmes expé-

din, que l'on est parvenu, « en employant une injection de sulfate de quinine, à obtenir une image très nette d'un rétrécissement du canal de l'urèthre ». Il est à noter encore que pour la photographie des régions épaisses du corps, l'on peut aussi avec de réels avantages employer en certains cas des pellicules sensibles susceptibles d'épouser en une certaine mesure les contours extérieurs des régions à photographier.

En injectant dans l'artère brachiale d'un cadavre, une pâte de sulfate de chaux assez liquide pour pénétrer dans tous les vaisseaux, après durcissement, à l'Institut physique romain, l'on a réussi à photographier par les rayons X, avec une très grande netteté, le système artériel d'une main, le sulfate de chaux renfermé dans les vaisseaux arrêtant les rayons X de façon aussi complète que le tissu osseux lui-même.

(1) C'est du reste dans le squelette la partie minérale seule des os qui constitue le milieu opaque pour les

rimentateurs arrivaient à contrôler par le même procédé les diagnostics chirurgicaux rendus à propos d'un malade guéri, après trois années de traitement, d'une ostéo-arthrite du genou gauche, de nature tuberculeuse, et à propos d'un enfant de huit ans, guéri « d'une ostéite de la diaphyse fémorale en même temps que l'épiphyse inférieure, elle aussi, était prise, ainsi que l'articulation du genou (1). »

D'autre part, de nombreux praticiens ont réussi avec non moins de succès à déterminer chez leurs

rayons X. MM. J.-D. Cormack et H. Ingle, nous rapporte l'excellent magazine anglais *Nature*, ont fait à cet égard une expérience décisive.

Ayant pris deux phalanges humaines aussi semblables que possible, ils décalcifièrent l'une d'elles en la faisant passer durant le temps nécessaire dans une solution d'acide chlorhydrique.

Le chorure de chaux produit dans cette opération fut précipité par l'ammoniac, recueilli et séché.

Les expérimentateurs photographièrent alors, suivant la recette de M. Rœntgen : 1º l'os naturel ; 2º l'os décalcifié ; 3º l'amas de sels provenant de ce dernier après l'avoir répandu sur une surface égale à celle recouverte par l'os l'ayant fourni.

Cette triple opération montra que les rayons étaient arrêtés également par l'os naturel et par le petit tas de sels de chaux, tandis que la phalange décalcifiée était au contraire presque absolument transparente.

(1) *Comptes rendus de l'Académie des Sciences*, p. 159, 160, 283, 284.

malades la place précise de lésions, ou celle occupée par des corps étrangers accidentellement
introduits dans les tissus.

A Prague, M. Ch.-V. Zenger a constaté la présence, dans le pouce d'un sujet, d'un fragment
de verre, corps particulièrement opaque aux
rayons X (1), comme l'on sait ; à Kiew, rapporte
la *Revue médicale*, le professeur Malinowski a
déterminé « l'endroit exact où se trouvait une aiguille, qui avait pénétré assez profondément dans
le corps d'un homme, et qu'il avait été impossible
de sentir à la palpation (2) » ; à Vienne, le professeur Mosetig-Moorhof (chef de la 2ᵉ section
de chirurgie à l'Hôpital général), faisait de même
de fort intéressantes constatations, comme nous le
montre le très curieux passage suivant d'un arti-

(1) *Comptes rendus de l'Académie des Sciences*, p. 315.
(2) *Revue médicale*, n° du 1ᵉʳ mars 1896, p. 45. Voir aussi
les *Comptes rendus de l'Académie des Sciences*, n° 9, p. 528,
pour le récit d'un fait analogue observé à Paris par
M. Delbet, agrégé des hôpitaux.

A relever encore dans cet ordre d'idée l'expérience
heureuse faite à l'Ecole centrale par M. Chapuis, professeur
de physique, expérience dont le résultat fut également de
préciser la position occupée par un fragment d'aiguille qui
avait pénétré dans la main de madame Cavaignac, la
emme de notre ex-ministre de la guerre et par suite de
faciliter son extraction rapide, au grand soulagement de la
blessée. -

cle du Dr Henler, assistant du professeur Schrœtter, publié par la *Presse médicale.*

Le premier cas est relatif à une jeune fille âgée de dix-huit ans et atteinte d'un vice de conformation du gros orteil gauche. Celui-ci était deux fois plus volumineux qu'à l'état normal, et portait sur sa face dorsale deux ongles étroits et contigus par leurs bords correspondants. L'un de ces ongles, nettement médian, semblait appartenir à la phalange normale, tandis que l'autre occupait une situation latérale, et paraissait comme surajouté; d'où l'hypothèse de l'existence d'une sorte d'orteil dédoublé, composé de deux portions dont l'une, la principale, armée d'un ongle médian, s'articulerait avec le métatarsien correspondant, et l'autre, véritable orteil accessoire, serait munie d'un ongle accessoire.

L'examen photographique donna lieu à une constatation diamétralement opposée. En effet, il permit de reconnaître que l'orteil présumé accessoire, s'articulait parfaitement avec le métacarpien correspondant, tandis que l'autre moitié qu'on avait considérée comme la partie principale, n'était pourvue d'aucune espèce de surface articulaire.

Le second cas concerne un jeune homme qui, huit jours avant l'examen, s'était logé une balle de revolver (calibre de 6 mm.) dans l'épaisseur de la main gauche. Au niveau de la région palmaire, dans le voisinage du 3e espace interosseux, on voyait nettement l'orifice d'entrée du projectile, lequel était d'ailleurs complètement cicatrisé; quant à la face dorsale de la main, elle ne présentait pas la moindre lésion appréciable. Cependant les douleurs étaient vives et l'intervention chirurgicale s'imposait. L'aspect extérieur de la main ne fournissait aucun renseignement sur le siège occupé par le projectile. Seul, le point de pénétration permettait de supposer que la balle devait s'être logée dans le 3e espace interosseux. On eut alors recours à l'épreuve photographique qui, cette fois encore, ne manqua pas de donner le renseignement qu'on lui demandait. En effet, elle permit de constater, au niveau de la bande sombre formée par le 5e métacarpien, la présence d'un corps opaque faisant saillie dans l'espace interosseux voisin. Le professeur Mosetig essaya alors d'arriver jusqu'au projectile, en pénétrant par l'orifice d'entrée, mais, à sa grande surprise et après une demi-heure de tentatives infructueuses, il fut obligé de renoncer au moyen qu'il avait choisi pour découvrir le siège de la balle. Le peu de netteté de l'image obtenue par l'épreuve photographique le porta à penser que le projectile avait probablement glissé jusque sur la face dorsale de la rangée métacarpienne. On se décida alors à pratiquer une incision au niveau du siège présumé, ce qui permit de découvrir la balle avec la plus grande facilité ; celle-ci était en effet venue s'aplatir sur la face dorsale du 5e os du métacarpe (1).

Il est à noter, du reste, que la méthode se per-

(1) Dr Henler. — *La photographie de l'invisible* dans la *Presse médicale*, n° 11 du 5 février 1896.

fectionnant chaque jour, grâce à la merveilleuse habileté technique de certains opérateurs, les résultats vont sans cesse s'améliorant.

A cet égard, MM. A. Imbert et H. Bertin Sans, en imaginant d'interposer un diaphragme entre l'ampoule de Crookes et l'objet à reproduire, ont réalisé un progrès énorme dont l'effet est de permettre l'obtention d'épreuves d'une grande netteté (1). C'est du reste à cette amélioration de première importance que l'on doit aujourd'hui de pouvoir aborder, non sans succès, la photographie de parties du corps autrement épaisses que les mains, et cela parfois pour le plus grand bénéfice matériel des blessés, comme nous le prouve la curieuse histoire enregistrée par le journal *Le Temps*, dans son numéro du 11 mars dernier.

D'après le récit, en effet, la photographie des corps opaques par les rayons de M. Rœntgen aurait permis au jury de Nottingham, présidé par le juge Hawkins, de décider en juste état de cause dans un procès en responsabilité.

Mais, voici le texte même du journal que nous reproduisons à titre de document curieux :

(1) *Comptes rendus de l'Académie des Sciences*, n° 7, p. 384.

Il y a quelques jours, une jeune danseuse du théâtre de cette ville, miss Gladys Folliot, se brisait la cheville du pied droit en descendant l'escalier conduisant de sa loge à la scène, et faisait constater que sa chute et son accident étaient dus à un trou pratiqué dans une marche. Elle réclama donc une indemnité à son directeur.

Celui-ci ayant accusé sa pensionnaire d'avoir exagéré la gravité de sa blessure, l'avocat de la danseuse a fait présenter au jury des épreuves obtenues par le procédé nouveau et représentant le squelette du pied blessé.

Cette démonstration a rendu toutes les plaidoiries inutiles. Le jury a conclu aussitôt pour la plaignante et lui a accordé l'indemnité qu'elle réclamait.

Le fait, on l'avouera volontiers, ne manque pas d'un certain piquant. Constatons, du reste, qu'il est en soi fort vraisemblable. M. A. Londe, chef des travaux photographiques à l'hôpital de la Salpêtrière, et qui est assurément, à l'heure présente, celui de tous les opérateurs ayant obtenu les plus merveilleux résultats par l'emploi de la méthode découverte par Rœntgen, dans ses expériences poursuivies dans le laboratoire de la Société « l'Optique », a réussi à photographier avec une complète netteté des régions du corps humain *épaisses de plus de quinze centimètres*, si bien qu'il ne désespère pas, avant longtemps, de pouvoir parvenir à prendre des images parfaites, non seulement des membres — ce qu'il réalise à merveille dès à présent — mais aussi du corps lui-même.

Les essais entrepris par lui sur des animaux et sur des malades sont d'ailleurs à cet égard des plus significatifs.

Ainsi M. Londe, au moyen de la photographie au travers des corps opaques, a obtenu la représentation fidèle d'une fracture compliquée de la jambe, montrant avec une netteté admirable le chevauchement des os et jusqu'aux moindres esquilles. A mentionner encore parmi les plus belles épreuves obtenues par ses soins, celles d'un lapin tué d'un coup de fusil, — la photographie permet de relever jusqu'aux grains de plomb égarés dans les chairs (planches 14 et 15),— celle d'un pigeon (planche 16), etc., etc.

Le champ ouvert par la découverte de M. Rœntgen aux explorations médico-chirurgicales est, comme l'on voit, particulièrement étendu.

Cet ordre d'applications pratiques n'est point le seul cependant auquel se prêtent les rayons X.

On nous annonce, en effet, qu'ils trouveront sans retard certaines applications industrielles, en facilitant la détermination de certaines substances dont ils permettront de constater la nature et l'homogénéité.

Déjà, du reste, M. Fernand Ranwez (*Comptes-rendus hebdomadaires de l'Académie des Sciences*, séance du 13 avril, p. 81), les utilise à mettre en évidence, dans l'analyse des denrées alimentaires végétales, certaines des falsifications les plus fréquentes, celles qui se font par l'addition de matière minérales, et tout dernièrement, enfin, MM. Abel Buguet et Albert Gascard ont recommandé l'emploi de ces rayons pour la détermination de certaines pierres précieuses et en particulier du diamant et du jais.

La recette est basée sur ce fait que le carbone est facilement transparent pour les rayons X, qui se trouvent au contraire arrêtés par le verre servant à fabriquer les pierres fausses.

Grâce aux rayons X, qui s'en serait jamais douté, nos joailliers sont donc désormais possesseurs d'un moyen infaillible autant que simple de reconnaître un diamant véritable d'un strass sans valeur, si bien imité soit celui-ci. (1)

Pour cela, il suffit de photographier la pierre à

(1) Les diverses formes de l'alumine cristallisée (corindon, rubis, saphir, émeraude, topaze, œil de chat), la turquoise, les perles fines de petite taille peuvent encore se distinguer, à leur plus grande transparence aux rayons X, de leurs imitations, ont reconnu MM. Buguet et Gascard.

Pour les grosses perles, par exemple, la distinction n'est au contraire plus assurée; le résultat dépend alors

l'aide des rayons de Rœntgen. Le carbone étant très transparent pour ces dits rayons, si l'on a affaire à un véritable diamant, la plaque sensible se trouve impressionnée au-dessous du joyau, tandis que s'il s'agit d'un vulgaire cabochon, elle demeure inaltérée, le verre et surtout le cristal, constituant, comme l'on sait, pour les rayons X une barrière très difficilement franchissable. (planche 17.)

Il est du reste à remarquer, ainsi que le font parfaitement observer MM. Buguet et Gascart, qu'à côté du procédé *graphique* de la photographie, l'on dispose encore, dans la circonstance, grâce à la propriété des rayons de Rœntgen d'exciter les substances fluorescentes, d'un procédé *optique* instantané.

« Le diamant et le jais, interposés entre le tube de Crookes et une feuille de papier couverte d'une substance fluorescente (platino-cyanure de baryum, par exemple), projettent sur celle-ci des ombres plus claires que celles qui se montrent derrière les imitations disposées au voisinage. » (1).

du mode de confection de la perle fausse. (*Comptes rendus hebdomadaires des Séances de l'Académie des Sciences,* séance du 23 mars 1896, p. 726.)

(1) Abel Buguet et Albert Gascart. — *Sur l'action des rayons X sur le diamant,* dans les *Comptes rendus hebdomadaires des Séances de l'Académie des Sciences,* séances du 24 février 1896, p. 457.

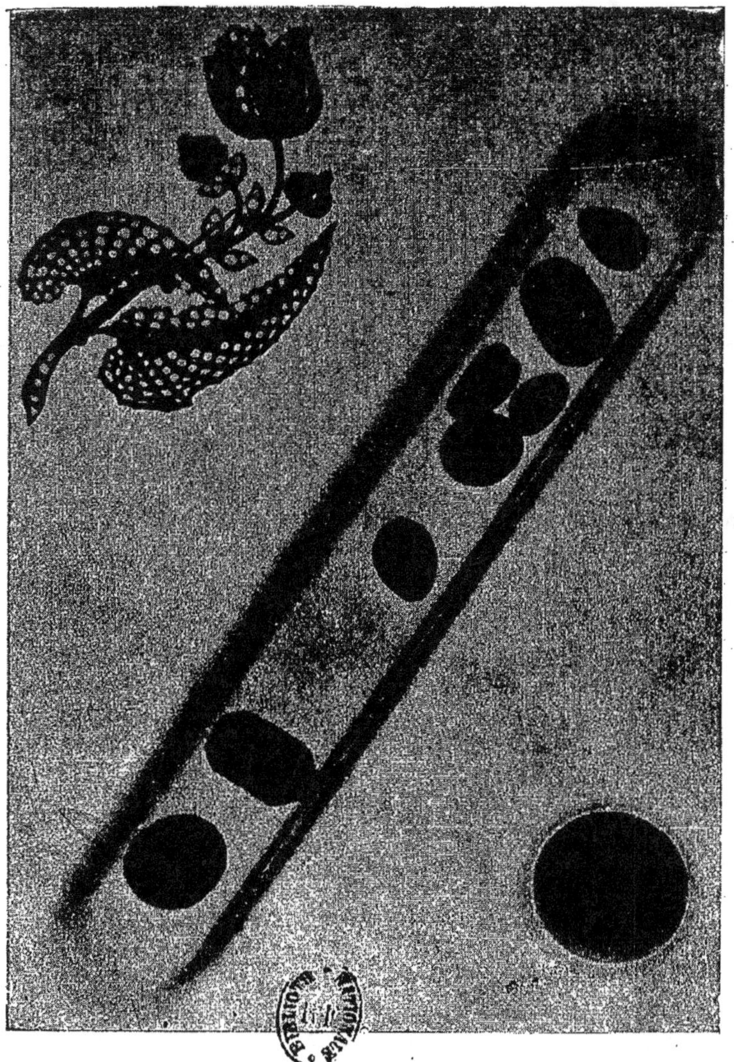

Planche 17. — Épreuve des pierres précieuses par les Rayons X. En haut à gauche, bijou orné de diamants. Les pierres étant transparentes semblent avoir disparu. En bas à droite jeton de verre ayant arrêté les rayons. Au centre de la figure, étui de bois renfermant des coquillages et des empreintes de porcelaine. (Epreuve de M. A. Londe).

Voilà, n'est-il pas vrai, qui ne manque pas d'un certain intérêt!

Cette application curieuse des propriétés des rayons X n'est point cependant la plus imprévue que l'on ait réalisée. Aujourd'hui, grâce à MM. Ch. Girard, directeur du Laboratoire municipal et F. Bordas, nous savons que ces mêmes rayons peuvent parfaitement concourir, à l'occasion, à la défense de la Société.

MM. Girard et Bordas ont en effet, tout dernièrement, donné à l'Académie des Sciences, la très saisissante démonstration que la photographie suivant la recette de M. Rœntgen pouvait servir à déjouer certaines entreprises criminelles.

On n'a point oublié l'histoire des livres explosibles adressés voici tantôt trois ou quatre ans à M. Constans, alors ministre de l'Intérieur, et à M. Etienne.

Les auteurs de cette tentative d'assassinat avaient fort habilement combiné leur appareil meurtrier. Ayant pris un gros livre, ils avaient découpé dans les feuilles le composant une cavité suffisamment grande pour y loger une boîte remplie de substances explosibles qu'un *cosaque* en parchemin, fixé par une extrémité au couvercle du livre et par l'autre au fond de la boîte en métal,

devait enflammer lorsque l'on tenterait de soulever
le couvercle du volume..

Un hasard providentiel suggéra quelque défiance
aux destinataires de ces dangereux cadeaux qui,

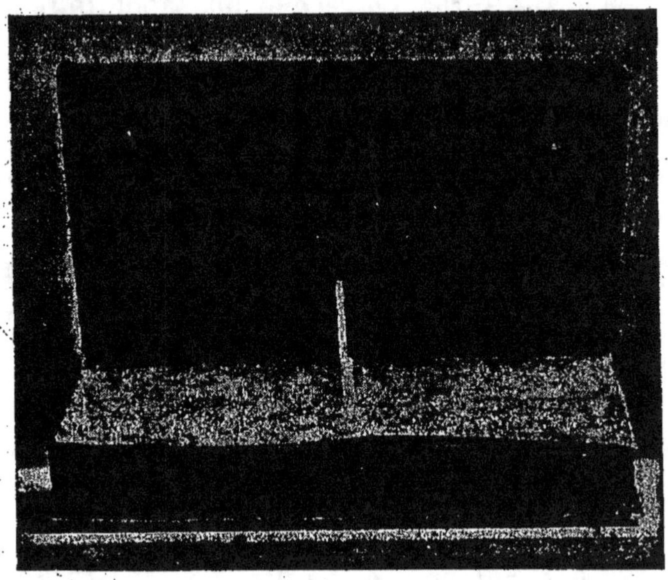

Fig. 23. — Livre explosible ouvert et photographié à la
façon ordinaire.

(Epreuve de MM. Girard et Bordas).

envoyés au laboratoire municipal, furent en effet
reconnus pour de très redoutables engins.

Cependant, l'examen de semblables livres truqués étant particulièrement dangereux, MM. Ch. Gi-

rard et F. Bordas, à qui revient par profession le

FIG. 24. — Livre explosible fermé et photographié par les rayons X.

(Epreuve de MM. Girard et Bordas).

soin d'y procéder, songèrent immédiatement, la découverte de Rœntgen une fois connue, à rechercher si l'on ne pourrait en tirer parti pour déceler dans un colis suspect un système explosible.

Sans retard, ils procédèrent à des expériences de photographie par les rayons X, de livres machinés suivant la formule des anarchistes.

Ces recherches furent couronnées d'un plein succès, comme l'on en peut juger par les deux très curieuses photographies (*fig.* 23 et 24) que nous reproduisons et dont nous devons la communication à la gracieuse obligeance de MM. Ch. Girard et Bordas qui faisaient part l'autre semaine à l'Académie des Sciences du résultat de leurs expériences, dans la très instructive note suivante :

« La première photographie représente un livre dans l'intérieur duquel on a encastré une boîte en fer-blanc ; cette boîte contenait 200 gr. de fulminate de mercure ; l'amorce consistait en un *cosaque* en parchemin qui se trouvait fixé, d'une part, au couvercle du livre, et, d'autre part, au fond de la boîte en métal, par l'entremise d'un orifice pratiqué sur la paroi supérieure de la boîte.

« Toutes les pages étaient collées, et l'on ne pouvait guère soulever le couvercle du livre.

« La deuxième représente ce livre photographié, à travers lequel on reconnaît très facilement la présence d'une boîte en métal suspecte.

« La troisième photographie (fig. 23) est un livre analogue au précédent, mais dont la partie centrale évidée contenait une boîte en bois remplie de poudre de chasse, de clous, de débris de fer, écrou, cartouche de revolver, etc.

« La quatrième protographie (fig. 24)), obtenue à la lumière cathodique, permet de se rendre compte de la composition de l'engin.

« Enfin, la cinquième épreuve représente quelques produits chimiques qui entrent dans la composition de certaines poudres, dites *poudres vertes*, etc. On remarque, par exemple, que quelques unes sont transparentes aux radiations émises par le tube de Crookes (acide picrique), tandis que d'autres, le ferrocyanure, le chlorate de potasse, le soufre, présentent une opacité relative à ces rayons (fig. 25) (1). »

Voilà, assurément, une utilisation de la photographie au travers des corps opaques dont il ne viendra à l'idée de personne de contester l'utilité en même temps que l'originalité complète.

Moins avantageuse, en revanche, apparaîtra sûrement l'invention de MM. Henry Jarzuel et Henry Lapauze, rédacteurs au *Gaulois*, pour déchiffrer sans l'ouvrir le contenu d'une missive.

La note suivante que nous découpons dans *le Gaulois* du 13 février, et qui est justement signée de MM. Jarzuel et Lapauze, nous édifie si admira-

_____

(1) Ch. Girard et F. Bordas. — *Applications de la méthode de Ræntgen.* dans les *Comptes rendus hebdomadaires des Séances de l'Académie des Sciences*, séance du 2 mars 1896, p. 528.

blement sur la dite invention, que nous ne saurions mieux faire que de la reproduire intégralement :

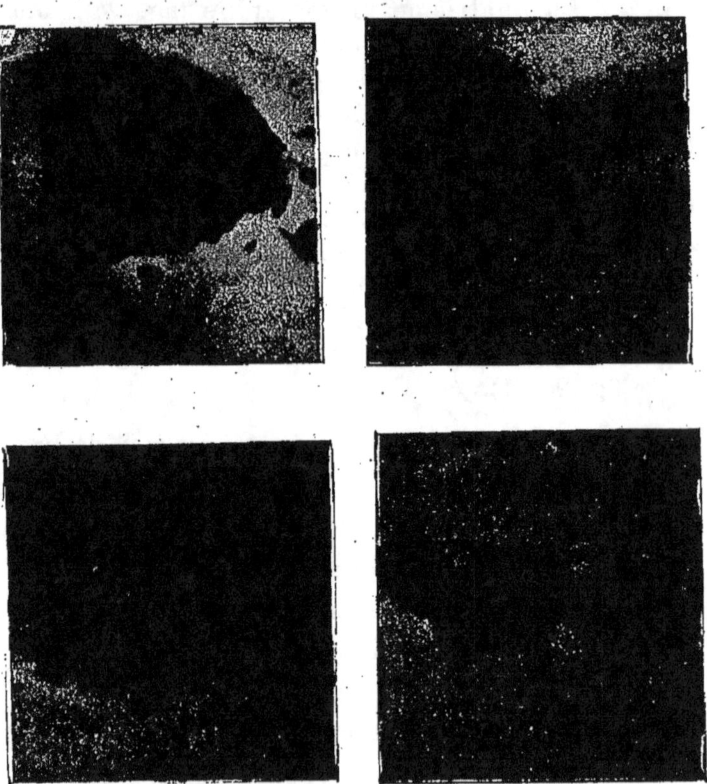

Fig. 25. — Eléments des poudres vertes photographiés par les rayons X.
I. Ferro-cyanure de potassium ;
II. Acide picrique ;
III. Chlorate de potasse ;
IV. Soufre.

(Epreuve de MM. Girard et Bordas)

« Samedi, dans la salle de rédaction du *Gaulois,* la conversation était tombée sur les fameux rayons cathodiques, et M. Jarzuel disait à notre collaborateur M. Alexandre Hepp les résultats merveilleux déjà obtenus.

— Mais alors, s'écria ce dernier, on va pouvoir photographier les lettres à travers les enveloppes ?

— Parfaitement, répondit M. Jarzuel. N'est-ce pas, monsieur Lapauze ?

— Mais, oui.

La vérité nous oblige à déclarer qu'à ce moment nous n'en savions rien ni l'un ni l'autre. Mais quand on est du Midi !

— Eh bien ! je serais curieux de voir ça ! répliqua M. Hepp.

Et il nous remit sous une enveloppe cachetée et scellée de sa signature une lettre prise au hasard dans son portefeuille.

— Vous aurez les épreuves de votre lettre demain, répondîmes-nous avec aplomb.

Il était sept heures moins dix.

Nous nous rendons aussitôt à la maison Ogereau, et nous disons à M. de Bouillanne.

— Voilà, il nous faut la photographie de ce qui est dans cette enveloppe, tout de suite.

— Peste ! comme vous y allez ! Enfin, on va voir.

Nous montons au laboratoire. On allume la lanterne rouge.

M. de Bouillanne met la lettre dans un châssis ouvert, une plaque sensible par dessous. M. Jarzuel met l'appareil en mouvement.

— Une, deux, trois... quinze...

— Ça y est.

On développe, et l'écriture se détache avec une netteté admirable; l'on distingue très bien les grains du papier et la marque du fabricant. (Planche 18).

A sept heures dix, nous invitons M. Alexandre Hepp à venir *de visu* constater le résultat de notre expérience.

Il n'y a donc plus de secret pour les lettres et le cabinet noir devient inutile.

Qu'on se rassure cependant, cela ne réussit pas avec tous les papiers et avec toutes les encres. (1). Mais — et cela ne plaira pas beaucoup à nos parlementaires — quinze secondes suffisent pour photographier le contenu d'une lettre écrite sur le papier de la Chambre ou du Sénat et enfermée dans une enveloppe de même origine.

Cependant, quelques doubles de papier rendent l'opération très difficile sinon impossible, car il faut un temps de pose plus long, et comme deux ou trois secondes de pose de plus font disparaître l'écriture, tout est traversé ou rien ne l'est encore.

Enfin, si l'on enveloppe la lettre d'une feuille de papier d'étain comme celui qui recouvre les tablettes de chocolat, il devient impossible de la violer sans effraction.

(1) Récemment, une expérience analogue a été réalisée dans des conditions scientifiques précises par M. Bleunard qui employait une encre spéciale dont l'opacité était due à la présence dans sa composition de bromures alcalins dans l'espèce du bromure de potassium.

En même temps que le mal, nous indiquons donc le remède.

Mais, revenons à des sujets plus graves.

L'occasion nous en est fournie par un astronome amateur de Birmingham, M. David-E. Packer qui annonçait il y a peu, avoir réussi à reproduire l'image de la couronne solaire en dehors des éclipses, à l'aide des rayons X qu'elle renfermerait en abondance, à l'exclusion, du reste, du disque même du soleil.

Pour obtenir ce résultat imprévu, enregistrait dans l'un de ses derniers feuilletons M. Henri de Parville, M. Packer « masquerait le soleil avec un disque métallique, plomb, étain ou cuivre. La lumière solaire serait interceptée ; mais les rayons X dont l'atmosphère extérieure du soleil est très riche passeraient à travers la feuille métallique et impressionneraient la plaque sensible; en sorte que, au centre de l'épreuve, on obtiendrait un disque peu teinté et, tout autour, en traits vigoureux, l'atmosphère coronale du soleil. » (1). *Se non è vero è bene trovato*, comme dit le proverbe italien. En tous cas, ainsi que le fait remarquer fort justement notre distingué confrère, M. Joseph Vinot, directeur du *Journal du Ciel*, il y aurait un

(1) *Journal des débats* du 27 février 1896.

moyen bien simple de constater l'assertion de
M. Packer ; ce serait de répéter son expérience
quand l'une des deux planètes Mercure ou Vénus
— ce qui arrive assez souvent — passera entre
nous et le soleil sans dépasser les limites occupées
par la couronne.

En ce cas-là, en effet, si M. Packer a raison, les
photographies obtenues par sa méthode donneront
une ombre correspondant justement aux planètes
interposées.

Cependant en attendant que les assertions de
l'amateur astronome de Birmingham soient défini-
vement vérifiées — ce qui paraît peu probable, du
reste, — il nous faut encore enregistrer une dernière application, la plus merveilleuse peut-être,
quoique d'une parfaite simplicité, des propriétés
admirables des rayons X.

Celle-ci qui est due au professeur Salvioni, de
Bologne, a pour objet, ni plus ni moins, de nous
permettre directement de *voir l'invisible.*

Si invraisemblable que cela puisse paraître à un
premier aspect, la découverte, très simple, nous
le répétons, en dépit de sa magie apparente, est
parfaitement réelle et peut sans grande difficulté se
voir répéter avec succès complet par toute personne ayant à sa disposition le matériel nécessaire
pour produire les rayons X, soit un tube de Croo-

kes et une bobine de Ruhmkorff actionnée par des piles ou des accumulateurs.

Voici, du reste, en quoi consiste cet instrument paradoxal baptisé fort heureusement par son inventeur du nom de *Cryptoscope*.

On se rappelle les circonstances de la mémorable expérience du professeur de Wurtzbourg.

Celui-ci, dans son laboratoire, ayant imaginé d'interposer entre son écran et son tube de Crookes des corps divers vit que ces corps projetaient suivant leur nature des ombres plus ou moins intenses, ombres faciles à constater avec l'écran révélateur qui cessait de briller dans les parties situées justement derrière les objets placés sur la route des rayons.

Mais, en semblable condition, l'on conçoit de suite que si les rayons X étaient directement visibles pour notre œil, il suffirait pour voir un objet opaque pour les rayons et dissimulé derrière un écran infranchissable à la lumière ordinaire, perméable aux dits rayons X, de se placer en avant de cet écran dans le champ de radiation. Alors, en effet, la rétine de l'œil serait directement influencée par les rayons X à l'exception de la portion correspondante à l'ombre portée par l'objet opaque.

Cependant, dans la pratique des choses, il n'en

est point de la sorte, l'œil humain étant bel et bien incapable de se laisser impressionner par les subtils rayons de M. Rœntgen. Pour résoudre le problème il importait donc de recourir à un artifice. C'est ce qu'a fait fort élégamment le professeur Salvioni.

Celui-ci, s'est tout bonnement avisé de recourir à la propriété connue du platino-cyanure de baryum de devenir fluorescent en présence des rayons X. Il prit un tube de carton d'assez large diamètre et lui adapta en guise de fond une petite rondelle de carte enduite sur toute sa surface de platino-cyanure de baryum.

Le « Cryptoscope » était créé (1). La merveilleuse lunette grâce à laquelle la vue peut désormais surprendre un secret dissimulé derrière une barrière en apparence infranchissable ne comprend, en effet, aucune autre disposition. Quant au mode d'emploi

(1) Depuis l'invention du professeur Salvioni, le cryptoscope a été perfectionné ou mieux simplifié. Le nouvel appareil, qui a été baptisé du nom de *fluoroscope*, consiste en une plaque de verre fluorescent ou un carton enduit de platino-cyanure de baryum que l'on dispose devant l'ampoule de Crookes, en l'en séparant par un voile noir. Tout objet interposé entre le voile et l'ampoule, projette son ombre sur l'écran, ombre qui peut ainsi être perçue simultanément par plusieurs spectateurs. Le fluoroscope a été combiné dans le laboratoire de la Société « l'Optique. »

du nouvel instrument, il est aussi extrêmement simple.

On commence par exposer à l'action des rayons X produits par un tube de Crookes l'objet que l'on désire apercevoir malgré les écrans qui le cachent à la vue.

Alors armé du cryptoscope, l'on regarde en avant de la barrière protectrice. Les rayons X qui ont traversé cette barrière venant frapper le fond du tube du cryptoscope rendent celui-ci phosphorescent dans toute son étendue, à moins qu'un obstacle n'ayant arrêté certains d'entre eux, une ombre ne vienne se dessiner sur la feuille sensible de la prestigieuse lunette.

Mais, fatalement une telle ombre adopte justement la forme précise de l'objet lui ayant donné naissance, objet dont il devient possible dès lors de relever la silhouette sombre sur un fond lumineux.

Rien de plus pratique ni de plus commode en même temps ! Le cryptoscope du professeur Salvioni ne saurait donc manquer, avant longtemps, de recevoir diverses applications. En ce moment où la technique de l'utilisation des rayons X se perfectionne chaque jour, il serait vraiment dommage, au surplus, qu'il en fût autrement.

Maintenant, cette ultime et prestigieuse, par

excellence, application des rayons X sera-t-elle la dernière que nous verrons réaliser ?

Il serait vraiment téméraire de l'affirmer, la science en effet ne connaissant point nécessairement les limites du domaine qu'elle est appelée à explorer.

LA LUMIÈRE NOIRE

Les radiations spéciales produites par diverses sources lumineuses et capables de traverser les corps opaques. — La « lumière noire » de M. le Dr Gustave Le Bon. — L'expérience de M. Le Bon. — Elle est confirmée par divers auteurs. — Différences entre les rayons de lumière noire et les rayons X. — Expériences importantes. — Réponse de M. Le Bon aux objections de M. Niewenglowski. — La lumière noire serait une nouvelle expression de l'énergie. — Les recherches de MM. Lumière. — Essais contradictoires. — Nouvelles recherches de M. d'Arsonval. — Tout le monde mis d'accord.

Tout au lendemain du jour où l'on venait de connaître officiellement la merveilleuse découverte du professeur Rœntgen, M. le docteur Gustave Le Bon adressait à l'Académie des Sciences une note très sommaire, mais aussi très suggestive, note dans laquelle il annonçait le plus formellement du monde que pour prendre des images d'objets dissimulés derrière les barrières en apparence les moins transparentes, point n'était besoin de recourir aux tubes de Crookes, mais que la première source de lumière venue, celle du jour, d'une lampe, d'un bec de gaz, etc., était dans l'espèce parfaitement suffisante.

Une telle affirmation ne laissa pas de trouver bon nombre d'incrédules, et cela bien que M. Le Bon eût cependant pris soin de ne la baser que sur des faits expérimentaux.

Voici du reste, emprunté au travail même de M. Le Bon, comment un tel prestige peut se voir réalisé.

« Dans un chassis photographique positif ordinaire introduisons une plaque sensible, au-dessus d'elle un cliché photographique quelconque, puis au-dessus du cliché et en contact intime avec lui une plaque de fer, couvrant entièrement la face antérieure du chassis. Exposons la glace ainsi masquée par la lame métallique à la lumière d'une lampe à pétrole pendant trois heures environ. Un développement énergique et très prolongé de la glace sensible, poussé jusqu'à entier noircissement, donnera une image du cliché très pâle, mais très nette par transparence. »

Accueillis d'abord avec réserve, les faits annoncés par M. Le Bon n'ont point tardé à se voir confirmés par divers chercheurs, notamment par M. le docteur Armaignac, de Bordeaux, par M. Ellinger, de Copenhague, et surtout par M. H. Murat, du Havre, qui réussit à obtenir des photographies d'une merveilleuse perfection à l'aide de la *lumière noire*, pour employer le très suggestif vocable dont M. Le Bon a baptisé les rayons particuliers mis par lui en évidence (*Fig.* 26 et 27).

Mais, que sont ces radiations spéciales aux propriétés si imprévues, de quelles qualités jouissent-elles et quels rapports peuvent-elles présenter avec les rayons X ?

Au contraire de ce que l'on pourrait croire à un examen sommaire, la lumière noire et les rayons X de M. Rœntgen sont assurément de nature très différente.

Ainsi, alors que les rayons X, se trouvent fort influencés dans leur cheminement au travers des corps, par l'épaisseur de la masse à franchir, ceux de lumière noire ne paraissent pas empêchés le moins du monde par une semblable cause.

Poursuivant leur route avec la plus grande facilité quand ils n'ont devant eux d'autre obstacle que des lames métalliques même fort épaisses, ils se voient arrêtés nets en revanche par un mince feuillet de papier noir, par une faible bande de carton noirci, par une lame d'ébonite, etc., toutes substances particulièrement transparentes aux rayons X. Il est à remarquer au passage du reste, que sans cette circonstance, nous serions dans

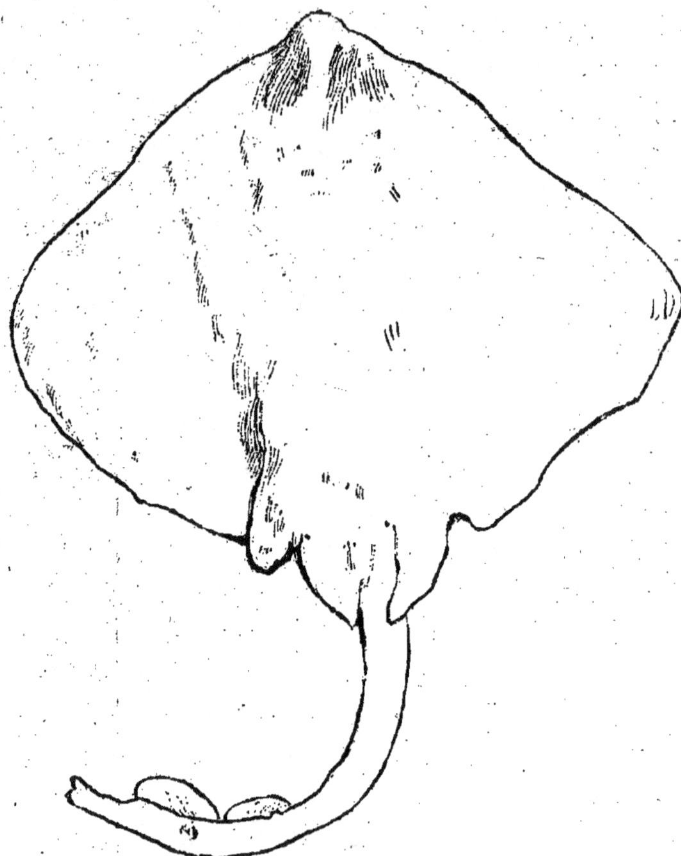

Fig. 26. — Raie photographiée par les procédés ordinaires.

l'impossibilité de conserver, comme nous le faisons, nos plaques photographiques sensibilisées, enfermées, comme l'on sait, dans des boites tapissées de papier noir.

Enfin, différence plus essentielle encore, il semble
que les radiations de la lumière noire, au lieu de
se propager en ligne droite comme les rayons X, se

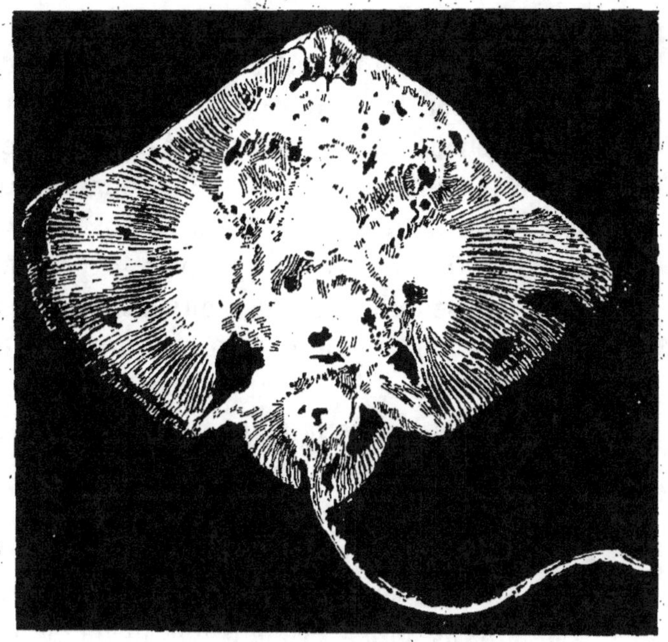

Fɪɢ. 27. — Raie photographiée à la lumière noire.
(D'après une épreuve de M. Mural.)

propagent à la façon des ondulations électriques.

Cependant, il importait de mettre nettement en
évidence la réalité de ces qualités particulières
attribuées à la lumière noire. M. Le Bon n'a eu

garde de manquer à ce devoir, et, comme premier point, il se préoccupa de démontrer que la lumière noire existait bien réellement.

La précaution n'était point inutile, l'objection ayant immédiatement été faite à M. Le Bon que si la plaque sensible disposée dans les conditions indiquées par lui venait à s'impressionner, c'est que le cliché placé au-dessus d'elle dans le chassis avait emmagasiné des radiations lumineuses dont l'effet naturel se manifestait ensuite. M. Niewenglowski a du reste reconnu expérimentalement que de telles actions peuvent se produire.

A cette observation, M. Le Bon répondit par diverses expériences. Tout d'abord, il fit remarquer que l'impression de la plaque sensible n'avait point lieu quand le chassis était maintenu dans l'obscurité, même durant de longues heures ; elle se produit au contraire rapidement si le système est exposé en présence d'une source lumineuse.

Mais, il fit plus. Prenant une médaille d'aluminium, métal très transparent pour la lumière noire, il la disposa, en guise de cliché, au devant d'une plaque sensible. Or, au developpement de la dite plaque, *l'image révélée fut celle de la face de la médaille qui se trouvait tournée vers la source lumineuse!*

En ce qui concerne le mode de propagation de

la lumière noire, M. Le Bon a réalisé pareillement des expériences intéressantes, expériences
qui établissent nettement cette analogie que nous
signalions tout à l'heure avec le mode de propagation des ondulations électriques.

A cet effet, reprenant le dispositif indiqué pour
impressionner une plaque sensible, M. Le Bon,
au-dessus de la moitié de la lame métallique (de
fer, de cuivre, d'aluminium) recouvrant le chassis,
dispose une dizaine de feuilles de papier noir
superposées, établissant ainsi un écran infranchissable, dans les conditions de l'expérience, pour
les rayons de la lumière noire. En semblable
occurrence, semble-t-il, la plaque sensible exposée
sous le cliché ne devrait point se voir impressionnée dans sa région correspondant à la portion
du chassis recouverte de papier.

« Or, déclare M. Le Bon, au développement,
nous constatons que l'image est absolument égale
en intensité aussi bien sous la partie recouverte
seulement par le métal que sous la partie où le
métal est recouvert de dix épaisseurs de papier. Si
sur cette même lame métallique nous superposons
de gros disques en fer de plusieurs centimètres
d'épaisseur, nous constatons encore que ces disques,
malgré leur épaisseur, ne laisseront aucune trace
sur l'image. »

C'est donc que les radiations de lumière noire

se propagent sur toute la surface des corps conducteurs pour elles, du moment qu'elles viennent
à rencontrer ces corps en un point de leur étendue, absolument comme le font les ondes électriques.

Mais, comment interpréter de semblables manifestations? D'après l'inventeur de la lumière
noire rien ne serait plus simple, à condition de
vouloir bien accepter de voir dans cette lumière
noire une modalité nouvelle de l'énergie, modalité
caractérisée par un régime vibratoire prenant
place entre ceux de la région ultra-violette du
spectre et de l'électricité.

Une telle conception, au surplus, est théorique-
ment admissible. Comme nous avons déjà eu l'occasion de le noter, il est incontestable, en effet,
que des manifestations possibles de l'énergie nous
ne connaissons qu'un nombre extrêmement limité.
Or, pourquoi la lumière noire ne serait-elle pas
une de ces manifestations?

Il est à remarquer, d'ailleurs, que sans être de
nature électrique, cette lumière noire présente
avec l'électricité des rapports manifestes. Ainsi,
M. Le Bon annonce avoir réussi à mettre en évidence, à l'aide d'un galvanomètre à cadre mobile
dans un champ magnétique intense produit par un
courant auxiliaire de trente volts sur deux ampères,

l'existence d'un dégagement d'électricité pendant la formation des images photographiques.

En somme, comme le note M. Le Bon, avec la lumière noire, « nous nous trouvons en présence d'un mode d'énergie qui n'est plus de la lumière puisqu'il n'a plus qu'une partie de ses propriétés et n'obéit pas aux lois de sa propagation. Ce mode d'énergie n'est pas non plus de l'électricité, puisque l'électricité sous ses formes connues ne produit pas les mêmes effets. »

Reste donc l'hypothèse que cette lumière noire, si merveilleuse en ses propriétés, est très réellement une force nouvelle dont nous devons enregistrer l'existence,... à moins qu'elle ne soit tout bonnement, comme l'affirment un certain nombre d'observateurs, une pure illusion.

Ainsi, d'après MM. Niewenglowski et Lumière, si M. Le Bon a eu ses plaques sensibles influencées, c'est qu'il ne s'est pas suffisamment mis à l'abri des erreurs d'expérience, et notamment qu'il n'a point pris assez de précaution pour éliminer toute trace de *lumière blanche.*

Il est à noter, cependant, ceci en faveur des affirmations de M. Le Bon, que M. d'Arsonval expérimentant avec toute la rigueur possible en suivant exactement ses indications, réussit à impressionner ses plaques dissimulées derrière des lames de métal, alors qu'opérant à la façon de MM. Lumière, ces mêmes plaques, — le savant professeur put aussi le constater, — demeuraient inaltérées.

D'après M. d'Arsonval ces résultats si opposés en apparence sont dus à une modification des conditions de l'expérience.

M. Le Bon, en effet, en avant de sa lame métallique, dispose une lame de verre absente dans l'essai de MM. Lumière.

Or, note M. d'Arsonval le verre est une substance phosphorescente dont les radiations sont parfaitement capables d'aller impressionner la plaque photographique au travers des lames métalliques opaques.

Cette explication est d'autant plus vraisemblable que M. d'Arsonval a constaté que tous les verres ne se prêtaient pas à un même degré à l'obtention d'images, au moyen du dispositif proposé par M. Le Bon. « Ceux qui donnent les meilleurs résultats sont ceux qui ont une fluorescence jaune verdâtre lorsqu'on les éclaire dans l'obscurité par l'étincelle électrique. »

Le fait, n'est-il pas vrai, valait d'être noté et cela justement parce qu'en donnant une explication rationnelle d'un phénomène il rend en même temps justice, en les mettant d'accord, à des observateurs également habiles et avisés !

Planche 18. — Lettre photographiée dans son enveloppe au moyen des Rayons X.

(Épreuve de la maison Ogereau.)

CHAPITRE X

LA PHOTOGRAPHIE DANS L'OBSCURITÉ & PAR L'ÉLECTRICITÉ

Les anciennes recherches de MM. Henry. — La photographie céleste. — Pour diminuer le temps de pose. — Invention par M. Zenger de la phosphorographie. — Les avantages de la méthode. — Une théorie explicative. — Expériences confirmatives. — La photographie durant la nuit. — La fluorescence provoquée par une action électrique. — Ce que pense M. Zenger des rayons X et de la lumière noire.— Impression de la plaque sensible par les radiations électriques obscures. — Les expériences de M. James Morton.

Il y a déjà un certain nombre d'années, MM. Henry, astronomes à l'observatoire de Paris, ont démontré que la plaque photographique était susceptible de fixer, par une pose suffisamment prolongée, les images célestes visibles ou invisibles à l'œil.

Le seul inconvénient de la méthode proposée par MM. Henry est de nécessiter une exposition de la plaque aux radiations célestes variant d'une à trois heures.

A seule fin de faciliter l'opération en diminuant sa durée, M. Ch.-V. Zenger, le savant directeur de l'Observatoire d'Astronomie physique de Prague, dès 1886, imagina un artifice particulièrement ingénieux et simple, grâce auquel la pose pouvait être réduite à moins d'une minute, les objectifs employés cessant d'être d'énormes et couteux appareils pour se voir remplacés par des modèles plus courants.

Le procédé combiné par M. Zenger, et qui fut baptisé par lui du nom de *phosphorographie*, consistait à utiliser, pour recueillir les impressions lumineuses les plus fugitives, jusques et y compris celles inaccessibles à notre vue, la phosphorescence des sulfures alcalino-terreux.

Voici, du reste, empruntée à son auteur, la description précise de la recette proposée par M. Zenger.

« Je place une plaque photographique, bien nettoyée sur un support exactement horizontal : je la recouvre d'une couche de phosphore Balmain (1) liquide, et je la place sous une cloche en verre jus-

(1) On donne le nom de phosphore Balmain au sulfure de calcium, à fluorescence bleue, du commerce. Ce sulfure doit ses propriétés remarquables de fluorescence à la présence d'une faible quantité de bismuth.

Le phosphore Balmain fut préparé pour la première fois

qu'à la dessication complète. On obtient ainsi une couche réfléchissant la lumière comme la plaque de verre qui lui sert de support; on détache quelques millimètres du bord de la plaque au diamant, parce que les bords sont un peu convexes après le dessèchement de la couche phosphorescente. Je mets la plaque à l'abri de la poussière dans une boite de fer blanc, noircie à l'intérieur et munie d'un couvercle de verre rubis, pour la tenir à l'abri des radiations actiniques. La pose se fait comme pour une plaque d'émulsion au bromure d'argent, mais elle peut être réduite à un petit nombre de secondes, pour les étoiles de la troisième à la neuvième grandeur; elle ne dépasse pas trente secondes à une minute, pour les plus petites étoiles, jusqu'à celles qui sont invisibles aux télescopes les plus puissants. L'impression invisible à l'œil, se transporte aisément sur papier ou sur une plaque de sensibilité moyenne au gélatino-bromure d'argent, dans les chassis ordinaires des photographes. Ce transport doit être effectué immédiatement après la pose dans la chambre noire, et à l'abri de la poussière; c'est par une exposition prolongée pendant des heures et même des jours entiers, qu'on parvient à reproduire, après une première pose si courte, tout objet visisible ou invisible aux télescopes.

« En renversant ainsi le procédé photographique

dans le laboratoire de M. Becquerel père, par un garçon de laboratoire qui vendit le secret de sa préparation à un industriel américain du nom de Balmain.

et prolongeant le temps de reproduction, au lieu du temps de pose, on peut se dispenser de l'emploi d'instruments dispendieux (1). »

La méthode appliquée par M. Ch.-V. Zenger à l'observation des objets terrestres donna encore des résultats heureux, si bien que M. Zenger fut amené à penser que la lumière du jour était susceptible de s'emmagasiner dans les corps exposés durant un certain temps à son action, pour être ensuite restituée par ces corps sous formes de radiations lentes et invisibles.

Cette théorie a du reste reçu diverses confirmations expérimentales.

Ainsi, en 1884, dans la nuit du 17 mai, à Prague, le ciel étant couvert, M. Zenger, de la terrasse de son observatoire, réussit à obtenir des images assez bonnes des tours et des édifices environnants, après un contact de la plaque phosphorescente avec la plaque photographique prolongé jusqu'au matin du jour suivant. La pose avait été de quinze minutes.

Plus tard, la méthode ayant été perfectionnée, M. Zenger obtint des résultats plus surprenants

(1) Ch.-V. Zenger. — *Etudes phosphorographiques pour la reproduction photographique du ciel*, dans les *Comptes rendus hebdomadaires des Séances de l'Académie des Sciences*, année 1886, 1ᵉʳ semestre, p. 409.

FIG. 28. — Photographie des bords du lac de Genève,
obtenue par M. Ch.-V. Zenger, vers minuit. Pose: 5 min.

encore, comme nous en pouvons juger par l'extrait suivant d'une communication adressée par lui à l'Académie des Sciences, dans la séance du 21 août 1893, pour accompagner l'épreuve d'une superbe photographie — dont nous donnons la reproduction photogravée, (*fig*. 28) — représentant les bords du Léman et le Mont-Blanc, prise à Genève, vers minuit :

« Me trouvant à Genève, j'observai, durant une journée très chaude du mois de septembre, que le Mont-Blanc restait visible jusqu'à dix heures et demie du soir, longtemps après le coucher du soleil, et qu'il était illuminé d'une lumière jaune-verdâtre assez semblable à celle montrée par les tubes de Crookes. Je mis au point sur le Mont Blanc et j'attendis que la dernière lueur ne fut plus visible dans la jumelle très forte dont je me servais. J'exposai alors sur une plaque au collodion fluorescente colorée à la chlorophylle et, vers minuit, j'obtins une vue assez distincte du sommet et de la chaîne environnante. »

Depuis le temps de ces très curieuses expériences, au surplus, divers observateurs ont constaté des phénomènes analogues, et, tout récemment encore, M. A. Briançon, de Chambéry, à la date du 11 février 1896 informait l'Académie des Sciences qu'il avait réussi à constater qu'«un corps qui a été exposé à la lumière impressionne, dans l'obscurité, une plaque sensible. » (1)

A quelle cause, à présent, doit-on en tous cas rapporter cette fluorescence qui, d'après M. Zenger, accompagne toujours la restitution des radiations lumineuses emmagasinées par les corps insolés?

Vraisemblablement, répond le savant astronome de Prague, à une action électrique, action qui se retrouverait encore, du reste, à la base de la production des phénomènes nouveaux signalés par M. Rœntgen.

M. Zenger, à cet égard, est particulièrement net, ainsi que nous en trouvons la marque dans ce passage d'une lettre adressée par lui le 17 de février dernier à M. le secrétaire perpétuel de l'Académie des Sciences, à propos d'épreuves photographiques obtenues suivant la méthode de M. Rœntgen.

« Ce qui me paraît intéressant, c'est que M. Domalip a obtenu des images électriques (de Trouvelot), sur la plaque, au moyen de plaques de cuivre jaune et rouge, de zinc, de plomb, d'acier. C'est la preuve, selon moi, qu'il n'y a là qu'un phénomène d'induction électrique produisant la phosphorescense de la gélatine et en même temps la décharge électrique dans la gélatine; enfin, la

(1) *Comptes rendus hebdomadaire des Séances de l'Académie des Sciences*, séance du 17 février 1896, p. 390.

fluorescense de l'air ambiant, comme dans le cas de la décharge en aigrettes (décharge sombre) de l'électricité. A mon sens, ce sont ces trois agents qui déterminent la décomposition des sels d'argent dans la couche sensible : *il n'y a pas de rayonnement spécial, de rayons X ou de lumière noire*, etc.

« Au surplus, on obtient une action plus rapide avec des plaques orthochromatiques à l'éosine, ou avec des plaques lavées avec une solution de sulfate de quinine ; toutes ces substances, qui peuvent transformer le mouvement électrique en mouvement ondulatoire, c'est-à-dire produire la fluorescence et la phosphorescence, contribuent beaucoup à la production des images » (1).

Il est à noter que cette hypothèse de M. Zenger ne laisse pas d'avoir pour elle certaines considérations intéressantes. Dans un précédent chapitre, (v. p. 73) nous avons rapporté les recherches anciennes de M. Tommasi qui, dès 1886, a démontré que l'effluve électrique (décharge obscure) était capable d'impressionner la plaque photographique, exactement comme les rayons ultra-violets du spectre.

En ces tous derniers temps, d'autres observations

(1) Ch.-V. Zenger. — *Sur la production des silhouettes de M. Rœntgen*, dans les *Comptes rendus hebdomadaires des Séances de l'Académie des Sciences*, séance du 24 février 1896, p. 456.

de même ordre ont encore été relevées, notamment par M. G. Moreau, qui ayant eu idée de substituer au tube de Crookes, l'aigrette d'une forte bobine d'induction actionnée par un courant de 6 ampères, pour photographier des objets dissimulés à l'intérieur d'une boîte de carton, réussit fort bien dans sa tentative chaque fois que la plaque sensible était placée parallèlement à l'aigrette; disposée normalement, le résultat fut au contraire négatif.

De même, rapporte *Electrical Engineer* du 5 février dernier, M. James Morton a obtenu sur une plaque sensible enfermée à l'intérieur d'un chassis des images d'objets situés en dehors de ce chassis, en soumettant simplement le tout à l'action de la décharge par effluves d'une machine à influence dont les condensateurs étaient enlevés ou d'un circuit secondaire d'une bobine de Tesla.

En cinq minutes d'exposition, l'impression de la glace sensible était réalisée.

Or, l'auteur de ces expériences, note M. J. Blondin, dans *L'Eclairage électrique*, fait remarquer que « les images obtenues ne peuvent être attribuées aux aigrettes lumineuses qui se produisent sur les bords des lettres métalliques — les objets à représenter — sous l'influence des variations du champ électrique, le couvercle du chassis arrêtant la lumière de ces aigrettes.» (1).

Le phénomène ici est donc bien analogue à celui observé naguère par M. Tommasi et plus récemment par M. Moreau, les radiations impressionnant la plaque sensible étant dans l'espèce des radiations obscures.

Maintenant, comme l'estime M. Zenger, ces radiations provoquent-elles une phosphorescence de la gélatine recouvrant la plaque photographique?

La chose n'est pas impossible, mais des observations ultérieures seules nous fixeront définitivement à cet égard.

(1) *Eclairage électrique*, n° 11 du 14 mars 1896, p. 507.

LA PHOTOGRAPHIE DE LA PENSÉE

Un « humbug » américain. — Ce qu'on découvre en examinant les cerveaux au microscope. — Caractères gravés dans la cervelle. — Une expérience de M. Ingles Rogus. — La photographie de la pensée. — Comment il convient de procéder. — Les perfectionnements à apporter. — Une invention amusante.

En toute sincérité, c'est seulement pour être complet en cette étude de la « Photographie de l'invisible », qu'à titre de curiosité nous mentionnons ici ce récit extravagant, que l'on nous annonce cependant presque sérieusement, de la découverte récente d'un *truc* propice à réaliser la « photographie de la pensée. »

C'est même à une revue spéciale toujours des mieux documentées ès-choses de la photographie, à la *Photo-Gazette* (1) que nous devons la connaissance de cette trouvaille imprévue qui a natu-

(1) *Photo-Gazette*, n° du 25 février 1896,

rellement vu le jour en Amérique, patrie habituelle de l'extraordinaire et du « humbug. »

L'inventeur du nouveau mode de photographie est un professionnel du collodion, M. Ingles Rogus, dont l'attention fut, pour la première fois, attirée sur sa future découverte par un curieux article du *New-York Tribune*, article dans lequel le célèbre photographe américain M. Georges Rockwood (!) faisait en toutes lettres le récit suivant :

« Il y a quelque temps, le professeur Black, chirurgien à l'hôpital de Bellevue, me fit appeler : un de ses clients et amis, le comte Borenski, venait de mourir, et il désirait que je prisse un cliché de lui sur son lit de mort, pour en envoyer des épreuves à ses parents en Europe. Pendant que j'installais mes appareils, le docteur décida de procéder à l'autopsie du comte ; j'oubliais de dire que celui-ci était un savant égyptologue, et qu'il avait passé la plus grande partie de sa vie à déchiffrer les hiéroglyphes. L'apparence générale du cerveau était normale, et comme cette partie du corps humain m'a toujours vivement intéressé, comme me paraissant la plus importante, je priai le docteur de m'en remettre une partie, pour en faire des photomicrographies.

« Rentré chez moi, je la découpai en tranches fines, et, assisté de plusieurs hommes de science, je me mis à examiner ces tranches au microscope ; nous découvrimes alors des marques singulières qui, au dire de mes savants amis, n'appartenaient pas à la structure du cerveau ; je fis des agrandissements successifs, et arrivé au grossissement de 3,000 diamètres, ces marques prirent des formes géométriques très particulières. J'émis alors timidement l'opinion que ces marques pourraient bien être des symboles, et l'un de mes amis, savant missionnaire qui avait passé de longues années en Orient, n'eut pas de peine à reconnaître les caractères des écritures éthiopienne, syriaque et phénicienne. »

Donc, si nous devons en croire M. Rockwood, l'expression « se graver quelque chose dans la mémoire » ne serait nullement une figure de rhétorique, mais bel et bien une parfaite réalité. En tous cas, cette constatation, vraie ou fausse, du photographe américain, fut pour son confrère M. Ingles Rogus un véritable trait de lumière.

S'il est positivement exact, comme l'affirme, en effet, M. Rogus, que la représentation extérieure des choses faisant l'objet des préoccupations des hommes, s'imprime de façon durable dans leur substance cérébrale, il doit fatalement arriver que ces images recueillies de la sorte irradient au loin des rayons lumineux correspondant à leurs formes véritables, rayons capables, par suite, d'impressionner une plaque sensible convenablement disposée.

Le raisonnement, en vérité, était inattaquable.
Restait à savoir s'il se vérifiait à l'expérience.

M. Ingles Rogus ne manqua point de recourir à
ce suprême criterium, et nous ne saurions mieux
faire, en l'espèce, que de reproduire, d'après la
traduction de la *Photo-Gazette*, le récit du subtil
photographe publié en anglais dans l'un des derniers numéros de *The Amateur Photographer*,
de Londres :

« Voulant en avoir le cœur net, je décidai de
concentrer aussi longtemps que possible ma pensée sur un objet, après avoir préalablement fixé
distinctement cet objet sur ma rétine. A cet effet
je choisis une pièce de monnaie, et, la tenant
contre la lumière, à la fenêtre de mon laboratoire,
je la fixai avec persistance pendant une minute en-
tière. Puis, fermant les yeux et tirant les rideaux
pour exclure la lumière, je plaçai devant moi une
plaque sensible et, m'asseyant dans un fauteuil, je
regardai fixement cette plaque, en concentrant
toute ma pensée sur la pièce de monnaie que je
venais de regarder. Je restai ainsi pendant quarante minutes ; l'effort physique et moral fut très
grand et plusieurs fois je pensai m'évanouir. Je fus
très fatigué par cette expérience, et ce n'est que
deux jours après que je me décidai à développer la
plaque. La forme de la pièce de monnaie y est
absolument marquée : elle est indistincte, je l'ad-
mets, mais cette image suffisait pour montrer que

j'étais dans la bonne voie et que ma théorie pouvait se soutenir. »

Depuis cette première expérience, déclare du reste M. Ingles Rogus dans son article, il a pu en réaliser d'autres, en présence de témoins autorisés, — les docteurs Albert Bouchay et Nicolas Rosckilly et M. Robert Coath, — avec un succès tel, que la plaque photographique a été jusqu'à enregistrer, sans défaillance, l'image pensée d'un timbre-poste.

La méthode, d'ailleurs, déclare encore son inventeur, est susceptible de recevoir divers perfectionnements. Ainsi, sa première expérience montra à M. Rogus :

« 1º Que la pièce n'ayant pas été mise au point, c'est-à-dire que la distance entre ses yeux et la pièce et entre ses yeux et la plaque n'ayant pas été la même, il en était résulté un temps de pose trop long;

« 2º Qu'il fallait que la plaque et l'objet à reproduire soient placés dans le même plan et à la même distance des yeux;

« 3º Qu'en employant une plaque suffisamment grande, on doit obtenir deux impressions, une pour chacun des deux yeux et à la distance l'une de l'autre qui sépare les deux yeux;

« 4º Qu'avec une plaque rapide il serait possible de réduire le temps de pose de quarante à vingt minutes. »

6*

L'expérience, il n'y a pas à dire, est en soi facile à réaliser, et par suite à contrôler !

Quant à la voir se vérifier, en dépit des ingénieuses théories de MM. Ingles Rogus, Georges Rockwood et autres subtils praticiens d'outre mer, c'est vraiment une toute autre affaire !

En tous cas, l'invention ne laisse pas d'être amusante, et, en raison de cette circonstance justement, il n'était peut-être point déplacée de l'enregistrer ici.

Ainsi, en effet, ce travail fatalement un peu aride que nous venons de présenter se terminera-t-il par une pointe de fantaisie et de gaité.

FIN

TABLE DES MATIÈRES

Pages.

AVANT-PROPOS.. 7

CHAPITRE I. — LA DÉCOUVERTE DES RAYONS X.

Une découverte paradoxale. — Une communication à
l'Académie des Sciences. — Emotion produite par
la découverte de M. Rœntgen. — La photographie
de l'invisible. — Le spectre vibratoire. — Le hasard
dans les découvertes scientifiques. — Les recherches de M. Rœntgen sur les rayons cathodiques. —
Un phénomène inattendu. — Expériences révélatrices. — Les rayons X traversent des corps opaques. — Les subtances imperméables aux rayons X.   11

CHAPITRE II. — EXPÉRIENCES SUR UN NOUVEAU GENRE
DE RAYONS..................... 25

CHAPITRE III. — LES PRÉCURSEURS DE M. RŒNTGEN.

Les premières tentatives de la photographie de l'invisible. — Le fluide odique de Reichenbach. — La photographie de l'od. — L'étude du spectre solaire. —
Les expériences de MM. de Chardonnet et Soret. —
Les rayons ultra-violets traversent l'argent. — Pourquoi l'œil ne perçoit pas les rayons X. — L'hypothèse de la matière radiante et la découverte des
rayons X. — Les travaux de M. Lenard. — Une
mémorable expérience. — Les rayons cathodiques
se propagent dans l'air. — Pourquoi M. Lenard n'a
pas découvert les rayons X..................   41

CHAPITRE IV. — La Nature et l'Origine des Rayons X.

Effets produits par le passage de l'étincelle électrique dans les [gaz raréfiés. — Tubes de Geissler et tubes de Crookes. — Le temps nécessaire pour remplir d'air un ballon de 13.5 centimètres de diamètre. — L'hypothèse de la matière radiante. — Les expériences de Crookes. — Le bombardement moléculaire. — L'hypothèse de la matière radiante battue en brèche. — Propriétés des rayons cathodiques. — Que sont les rayons X? — Hypothèse de M. Rœntgen. — Les rayons X considérés comme étant dus à des vibrations longitudinales. — Les autres hypothèses. — Nature électrique des rayons X. — L'origine des radiations de Rœntgen. — Les rayons X émanent de l'enveloppe du tube de Crookes. — Expériences contradictoires   55

CHAPITRE V. — Les Propriétés des Rayons X.

Les recherches de M. Rœntgen. — Expériences de M. Jean Perrin. — Les rayons X n'obéissent pas aux lois de la réflexion et de la réfraction. — Ils ne sont pas déviés par l'aimant. — Une expérience de M. Lodge. — La transparence des corps aux rayons X. — Pourquoi l'œil ne perçoit pas les rayons X. — Expériences de MM. de Rochas et Dariex. — Les recherches de M. Chabaud. — La transparence des diverses sortes de verres. — Une remarque importante. — L'absorption des radiations de M. Rœntgen par le papier sensible. — Les couleurs sont sans influence sur le passage des rayons X. — Importance de la nature chimique des corps. — Action des rayons X sur les corps électrisés. — Une hypothèse de M. Niewenglowski. — Opinion de M. J.-J. Thomson sur la prétendue similitude des rayons X et des rayons ultra-violets. . .   81

CHAPITRE VI. — LA FLUORESCENCE ET LES RAYONS X.

Une hypothèse de M. H. Poincarré. — Les expériences
de M. Charles Henry. — Les radiations émises par
le sulfure de zinc phosphorescent. — Comment se
comportent ces radiations. — Elles traversent les
corps opaques comme les rayons X. — Influence
des divers corps phosphorescents. — Les recherches de M. Troost. — Possibilité de photographier
au travers les corps opaques au moyen des seuls
corps phosphorescents. — Avantages de la méthode
préconisée par M. Troost. — La fluorescence des
ampoules de Crookes. — Relation entre l'activité
de la fluorescence et l'action des rayons X. — La
lumière physiologique et l'impression des plaques
photographiques. — Une découverte de M. Becquerel. — Les radiations obscures actives des corps
phosphorescents   103

CHAPITRE VII. — LA TECHNIQUE DES RAYONS X.

L'outillage nécesssaire pour la photographie au travers
des corps opaques. — Importance du mode opératoire. — Du choix d'un tube de Crookes. — Les
qualités que doit posséder un tube de Crookes.
— Comment on peut éviter de perdre les ampoules
de Crookes. — Production des rayons X avec une
lampe à incandescence, — Comment doit être placé
l'objet à photographier. — Une invention de M.
Roger. — Pour obtenir des images nettes. — Utilité des diaphragmes. — L'éloignement du tube de
Crookes est avantageux à la netteté des images. —
Comment on peut diminuer le temps de pose. —
L'artifice proposé par M. Ch. Henry. — Une lettre
de M. Ch Zenger. — Augmentation de la fluorescence des ampoules. — Avantages de cette pratique.

— Importance de faire usage de plaques très sensibles. — La reproduction des corps arrêtant les rayons X de façon complète. — Le procédé de M. Carpentier. — Images stéréoscopiques obtenues à l'aide des rayons X.............................. 113

CHAPITRE VIII. — LES APPLICATIONS DES RAYONS X.

La raison du succès obtenu par la découverte du professeur Rœntgen. — Enthousiasme des savants. — Les premières recherches de MM. Oudin, Barthelemy et Lannelongue. — Un article de M. L. Olivier dans la *Presse Médicale*. — Vérification d'une hypothèse. — Les rayons X ne sont pas homogènes. — Une réclame de dentiste. — Les premières applications sérieuses. — Un article du Dr Henler. — Deux cas intéressants. — Importance du diaphragme pour l'obtention des bonnes images. — Le pied de la danseuse. — Les photographies de M. A. Londe. — La reconnaissance des pierres précieuses. — Comment on distingue un diamant véritable d'une fausse gemme. — Les rayons X et les bombes anarchistes. — L'invention de MM. Girard et Bordas. — Les livres truqués dévoilés par les rayons X. — Photographies instructives. — Le secret des lettres. — Un article du *Gaulois*. — Emploi des rayons X en astronomie. — Un moyen de contrôle. — Le cryptoscope du professeur Salvioni. — La lunette merveilleuse. — Que réserve l'avenir 129

CHAPITRE IX. — LA LUMIÈRE NOIRE.

Les radiations spéciales produites par diverses sources lumineuses et capables de traverser les corps opaques. — La « lumière noire » de M. le docteur Gustave Le Bon. — L'expérience de M. Le Bon. —

Elle est confirmée par divers auteurs. — Différences
entre les rayons de la lumière noire et les rayons X.
— Expériences importantes. — Réponse de M. Le
Bon aux objections de M. Niewenglowski. — La
lumière noire serait une nouvelle expression de l'é-
nergie. — Les recherches de MM. Lumière. — Essais
contradictoires. — Nouvelles recherches de M. d'Arsonval. — Tout le monde mis d'accord............ 159

CHAPITRE X. — La Photographie dans l'Obscurité
ET PAR L'Électricité.

Les anciennes recherches de MM. Henry. — La photographie céleste. — Pour diminuer le temps de
pose. — Invention par M. Zenger de la phosphorographie — Les avantages de la méthode. — Une
théorie explicative. — Expériences confirmatives. —
La photographie durant la nuit. — La fluorescence
provoqué par une action électrique. — Ce que pense
M. Zenger des rayons X et de la lumière noire. —
Impression de la plaque sensible par les radiations
électriques obscures. — Les expériences de M. James Morton................................ 169

CHAPITRE XI. — La Photographie de la Pensée.

Un « humbug » américain. — Ce qu'on découvre en
examinant les cerveaux au microscope. — Caractères gravés dans la cervelle. — Une expérience de
M. Ingles Rogus. — La photographie de la pensée.
— Comment il convient de procéder. — Les perfectionnements à apporter. — Une invention amusante................................ 181

TYPOGRAPHIE

EDMOND MONNOYER

LE MANS (SARTHE)